贾东　主编　建筑营造体系研究系列丛书

丽江纳西传统木构架建筑营造

和积智　吴宇晨　贾东　著

中国建筑工业出版社

图书在版编目（CIP）数据

丽江纳西传统木构架建筑营造／和积智，吴宇晨，
贾东著. —北京：中国建筑工业出版社，2019.9
（建筑营造体系研究系列丛书）
ISBN 978-7-112-24094-4

Ⅰ．①丽… Ⅱ．①和… ②吴… ③贾… Ⅲ．①木结
构-古建筑-研究-丽江 Ⅳ．①TU-092.974.3

中国版本图书馆CIP数据核字（2019）第174261号

　　本书以丽江古城及周边村镇的纳西传统木构架建筑作为研究对象，在实地调研的基础上对纳西建筑的院落空间、木构架、屋顶、土坯墙体以及内部装饰等方面的营造做法进行了研究和梳理；以接近真实再现的方法对纳西传统木构架的营造做法和建造过程进行逻辑推导和验证；结合实际项目中对各方面营造做法的实践，对在实际营造过程中遇到的问题和运用的设计策略进行探讨。本书的成功出版得益于北方工业大学建筑营造体系研究所的支持和资助，期望本书的出版能够为团队研究贡献绵薄之力。

责任编辑：吴　佳　唐　旭　李东禧
责任校对：王宇艳

建筑营造体系研究系列丛书
贾东　主编
丽江纳西传统木构架建筑营造
和积智　吴宇晨　贾东　著
*
中国建筑工业出版社出版、发行（北京海淀三里河路9号）
各地新华书店、建筑书店经销
北京锋尚制版有限公司制版
北京京华铭诚工贸有限公司印刷
*
开本：787×1092毫米　1/16　印张：10¾　字数：219千字
2019年10月第一版　2019年10月第一次印刷
定价：58.00元
ISBN 978-7-112-24094-4
（33992）

总　序

　　2012年的时候，北方工业大学建筑营造体系研究所成立了，似乎什么也没有，又似乎有一些学术积累，几个热心的老师、同学在一起，议论过自己设计一个标识。在2013年，"建筑与文化·认知与营造系列丛书"共9本付梓出版之际，我手绘了这个标识。

　　现在，以手绘的方式，把标识的涵义谈一下。

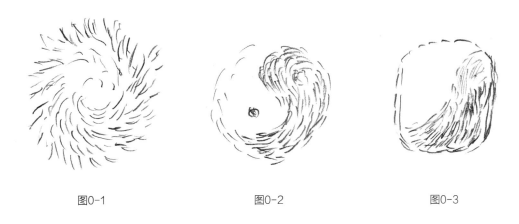

图0-1　　　　　　　　　　　　图0-2　　　　　　　　　　　　图0-3

　　图0-1：建筑的世界，首先是个物质的世界，在于存在。

　　混沌初开，万物自由。很多有趣的话题和严谨的学问，都爱从这儿讲起，并无差池，是个俗曰，却也好说话儿。无规矩，无形态，却又生机勃勃、色彩斑斓，金木水火土，向心而聚，又无穷发散。以此肇思，也不为过。

　　图0-2：建筑的世界，也是一个精神的世界，在于认识。

　　先人智慧，辩证大法。金木水火土，相生相克。中国的建筑，尤其是原材木构框架体系，成就斐然，辉煌无比，也或多或少与这种思维关系密切。

　　原材木构框架体系一词有些拗口，后撰文再叙。

　　图0-3：一个学术研究的标识，还是要遵循一些图案的原则。思绪纷飞，还是要理清思路，做一些逻辑思维。这儿有些沉淀，却不明朗。

图0-4

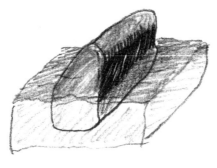

图0-5

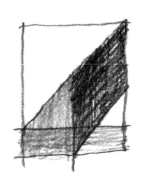

图0-6

图0-4：天水一色可分，大山矿藏有别。

图0-5：建筑学喜欢轴测，这是关键的一步。

把前边所说自然的大家熟知的我们的环境做一个概括的轴测，平静的、深蓝的大海，凸起而绿色的陆地，还有黑黝黝的矿藏。

图0-6：把轴测进一步抽象化图案化。

绿的木，蓝的水，黑的土。

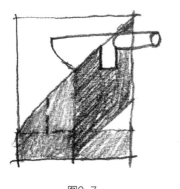

图0-7

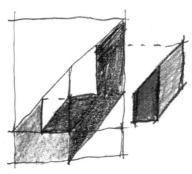

图0-8

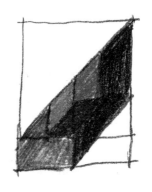

图0-9

图0-7：营造，是物质转化和重新组织。取木，取土，取水。

图0-8：营造，在物质转化和重新组织过程中，新质的出现。一个相似的斜面形体轴测出现了，这不仅是物质的。

图0-9：建筑营造体系，新的相似的斜面形体轴测反映在产生它的原质上，并构成新的五质。这是关键的一步。

五种颜色，五种原质：金黄（技术）、木绿（材料）、水蓝（环境）、火红（智慧）、土黑（宝藏）。

技术、材料、环境、智慧、宝藏，建筑营造体系的五大元素。

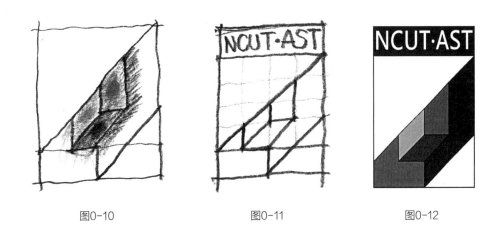

图0-10　　　　　　　　　　　　图0-11　　　　　　　　　　　　图0-12

图0-10：这张图局部涂色，重点在金黄（技术）、水蓝（环境）、火红（智慧），意在五大元素的此消彼长，而其人的营造行为意义重大。

图0-11：将标识的基本线条组织再次确定。轴测的型与型的轴测，标识的平面感。NCUT·AST就是北方工业大学/建筑/体系/技艺，也就是北方工业大学建筑营造体系研究。

图0-12：正式标识绘制。

NAST，是北方工大建筑营造研究的标识。

话题转而严肃。近年来，北方工大建筑营造研究逐步形成以下要义：

1．把建筑既作为一种存在，又作为一种理想，既作为一种结果，更重视其过程及行为，重新认识建筑。

2．从整体营造、材料组织、技术体系诸方面研究建筑存在；从营造的系统智慧、材料与环境的消长、关键技术的突破诸方面探寻建筑理想；以构造、建造、营造三个层面阐述建筑行为与结果，并把这个过程拓展对应过去、当今、未来三个时间；积极讨论更人性的、更环境的、可更新的建筑营造体系。

3．高度重视纪实、描述、推演三种基本手段。并据此重申或提出五种基本研究方法：研读和分析资料；实地实物测绘；接近真实再现；新技术应用与分析；过程逻辑推理；在实践中修正。每一种研究方法都可以在严格要求质量的前提下具有积极意义，其成果，又可以作为再研究基础。

4．从研究内容到方法、手段，鼓励对传统再认识，鼓励创新，主张现场实地研究，主张动手实做，去积极接近真实再现，去验证逻辑推理。

5. 教育、研究、实践相结合，建立有以上共识的和谐开放的体系，积极行动，潜心研究，积极应用，并在实践中不断学习提升。

"建筑营造体系研究系列丛书"立足于建筑学一级学科内建筑设计及其理论、建筑历史与理论、建筑技术科学等二级学科方向的深入研究，依托近年来北方工业大学建筑营造体系研究的实践成果，把研究聚焦在营造体系理论研究、聚落建筑营造和民居营造技术、公共空间营造和当代材料应用三个方向，这既是当今建筑学科研究的热点学术问题，也对相关学科的学术问题有所涉及，凝聚了对于建筑营造之理论、传统、地域、结构、构造材料、审美、城市、景观等诸方面的思考。

"建筑营造体系研究系列丛书"组织脉络清晰，聚焦集中，以实用性强为突出特色，清晰地阐述建筑营造体系研究的各个层面。丛书每一本书，各自研究对象明确，以各自的侧重点深入阐述，共同组成较为完整的营造研究体系。丛书每本具有独立作者、明确内容、可以各自独立成册，并具有密切内在联系因而组成系列。

感谢建筑营造体系研究的老师、同学与同路人，感谢中国建筑工业出版社的唐旭老师、李东禧老师和吴佳老师。

"建筑营造体系研究系列丛书"由北京市专项专业建设——建筑学（市级）（编号PXM2014_014212_000039）项目支持。在此一并致谢。

拙笔杂谈，多有谬误，诸君包涵，感谢大家。

贾　东
2016年于NAST北方工大建筑营造体系研究所

前　言

在我国新型城镇化发展战略下，建筑学面临新的挑战。我们还远未形成一套足以应对新变化的地域现代化技术路线，来支撑国家新型城镇化发展中大量农村建筑的转型提高。面对挑战，学者专家与科研团队积极应对，形成宝贵的实践与研究成果，大致可以分为以下几类：

侧重于聚落与民居改建的实践研究：

这类研究实践聚焦乡民生产方式与生活水平的改变给传统民居带来的必然变化，认为中国传统民居既是传统建筑文化宝贵遗存，又是当今乡民现实生活的场所，随着社会发展和生活提高，改建是必然的，进而积极进行了以建造材料和建造技术为主要革新内容的改建实践。

侧重于生态绿色技术的实践研究：

将传统聚落和民居建筑中的生态建筑经验，转化为科学的设计技术和方法，将蕴含于其中的生态元素、文化符号与现代建筑空间设计理论相结合，合理运用继承原有的构造与结构体系，创造出新型乡土民居建筑方案，并通过实验与示范研究，逐步实现乡村建筑走向现代化和绿色生态化。

侧重于营造整体与技艺传承的研究：

从传统营造的角度，从匠者本身（即设计者和施工者一体化）去审视乡土营建的整体。这类研究将传统聚落和民居建筑中的各个方面聚焦为整体的营造体系的研究，重视真实记录，重视匠人访谈，重视建造过程，重视构件与体系，坚持建筑学研究方法，同时积极拓展跨学科研究。

一、面对挑战，建筑营造技术体系的研究，始终是一个核心问题

对于以木构架为主要结构体系、结构与装饰一体化的传统民居研究而言，营造技术体系的研究，从田野调查与现场测绘入手，进行忠实记录与综合分析，建立档案和谱系，具有直接的传统民居保护设计意义，直接面对挑战的核心问题，具有重要的意义。

营造技术体系包含整体营造、实施建造、细部构造三个层次，构成了建筑文化的承载，是建筑文化发展的基石，是建筑文化的支撑骨架，是建筑文化发展的推动力，是建筑文化多元的根本。传统民居由当地匠人（设计）营建，他们选择合适的山水地形，运用当地的材料和自己的技艺经验，发展出适宜于通风、防热、防水、防潮、防虫、防震等结构围合与装修装饰做法，据此形成蕴含历史发展过程中环境、材料、结构、技艺等诸要素及其演变的技术基因。对其技术基因的深入研究剖析，可进一步揭示传统民居的地域建筑文化特性及其成因，以应对传统民居聚落保护与更新设计所面临的问题。

作为自下而上建造的传统民居，忠实地反映了自然生态、地域环境、生产生活、建造水平、景观文化的历史断面与演进过程，蕴含重要的文化基因。对民居营造技术体系的研究，在保有其基本真实目的性、建造逻辑性的同时，结合时代发展与社会语境，对传统民居之文化基因展开跨学科性研究，可以揭示传统民居与聚落发展演变与社会人文因子间的相关性与差异性，总结其规律，预判其发展，并将长期实践积累的综合经验应用为当代设计方法，在继承原有民居的构造体系、生态元素与文化符号的基础上，创造出新型乡土民居建筑方案，完成经验传承，积极应对挑战。

因此，对于民居营造技术体系的深入研究可以继承传统民居的宝贵技艺，并结合民居在人文交叉学科视角下的发展规律，形成新形势下的地域民居现代化技术路线，支撑国家新型城镇化发展中大量当代民居的转型提高。

二、丽江纳西民居木构架建造技术体系

本书以丽江纳西木构架营造体系作为研究对象。

丽江纳西文化特征：

丽江位于云南省西北部三江并流的河套地区，自然条件海拔高差大，造就了其生物多样性和生态脆弱性，自然演变与族群文化丰富交织。金沙江水系九十多条大小河流与境内老君山、玉龙雪山和小凉山三大山系间形成大大小小的坝子，共同构成了当地人民生活定居的条件。历史上众多民族迁徙至此，形成丰富多元的地区文化，纳西族作为丽江地区的主体民族，亦是地区文化表现最鲜明的一支少数民族，其东巴文化与毗邻的白族、藏族、汉文化包容发展，在民居与聚落发展中呈现出变化丰富而不失和谐统一的样式特点，形成一套完整自洽而不断演进的地域建筑营造技术体系。

丽江纳西木构架技术特色：

丽江纳西木构架在长期随时代与环境灵活发展的过程中形成完备的结构、围护与装饰作法，保有较高的民间智慧与历史真实性、呈现出成熟而独特的营造体系形式与演进规律、具

有强大生命力和良好的生态适应性。在丽江地区建筑营造体系中，以其木构架建造体系最具研究价值。丽江纳西民居木构架兼备井干式、穿斗式、抬梁式结构体系特征，是西南地区木构架结构体系演变的活化石；其利用穿斗和抬梁两种木构架体系结合互补的方式，对民居建筑内部空间形态需求和外部环境适应做出回答，并形成一套完整的、由两种木构架体系结合的结构、围护、装饰做法，这是当地亲和自然、包容并进的地域民族文化的现实载体。而至今，相对于其他地区，特别是发达地区的传统民居营造技艺的断崖式失传，在丽江周边，特别是较远地区的纳西民居中，传统民居建造技术体系历史真实性保存较好，这也体现了丽江纳西民居营造体系强大的生命力与良好的适应性。这些特点为研究丽江纳西木构架在当代的转型应用打下了基础。而随着经济发展和社会生活变化，也已出现诸多需要严肃对待并亟需解决的问题，这也是该课题研究的紧迫性。

丽江民居研究及其木构架建造技术体系研究的现状：

我国对丽江民居建筑的研究开始较早，刘敦桢先生1938年就考察了丽江及周边的民居，而后在《西南古建筑调查概况》中对丽江民居进行了详细描述，并给予了很高的评价；20世纪60年代在王翠兰、赵琴等建筑师在对于云南地区民居研究的相关专著中，丽江纳西民居亦被多次提及，20世纪80年代后，地方建筑研究上取得了长足的进展，对丽江纳西民居的研究专著出版，如《丽江纳西族民居》（朱良文，1988）、《丽江——美丽的家园》（蒋高宸，1997）、《丽江古城与纳西族民居》（朱良文、2005）。以上研究将丽江纳西民居放入了更系统、更庞大的背景中加以理解。在朱光亚《中国古代木结构谱系再研究》一文中，提及丽江地区民居中井干向穿斗的演变过程及穿斗抬梁的节点与井干式之间存有的演变关系，涉及丽江民居技术营造体系与社会文化发展间的关系。近年来，部分学者在过往对于丽江纳西民居建筑基本结构体系、尺寸基本资料的基础上，尝试将营建活动作为研究民居文化的切入点，也取得了新的成就。

总的来说，迄今对于丽江纳西民居的研究大多还聚焦于建筑形态所反映出的历史和文化问题层面研究，在木构架建造技术方面虽亦有研究，但多在局部。对于木构架建筑营造体系的全面系统研究不够，也缺乏对某一特定木构架类型营造建造构造的全过程纪实与深入剖析。

三、北方工业大学建筑营造体系研究团队（NAST）对丽江纳西民居木构架营造技术体系的研究

本书的基本素材源自北方工业大学建筑学（0813）专业硕士学位论文《纳西传统木构架建筑营造研究及实践》，其作者为本书第二作者吴宇晨，当时为北方工业大学建筑学（0813）专业在读硕士；其指导教师为本书第三作者贾东，为北方工业大学教授。

在此，我愿引用自己为前述硕士学位论文所撰写的导师评语：

时间：

2016年5月，进行硕士学位论文答辩前夕

论文题目：

纳西传统木构架建筑营造研究及实践

导师评语：

吴宇晨同学所选题目很有意义，而这项是有一定积累过程的。

自2008年起，我和我的团队开始关注丽江纳西民居木构架营造问题。其有三个基本背景要素：山川地势气候变化带来了各种自然物种的丰富；族群交融源远流长带来了地域文化的缤纷多彩；相对和平与稳定的自然与人文环境给营造体系的形成与发展提供了持续环境。以纳西营造为主体的木造体系有鲜明的地域特色、研究意义、传承价值，并可以据此认证思考西南地区建筑营造的材料体系、技术体系、地域特色之当代化与本土化。

自2009年起，陆续有多位同学在老师的带领下，与合作单位丽江和墨规划设计研究院在丽江进行了非常具体细致的调研工作和结合实际的设计实践，和积智院长给予了很多非常好的实地考察机会，同学们也逐渐取得了一些成就。其中，2014年毕业的李孟琪同学的硕士论文集中了丽江纳西院落研究的阶段成果；而解婧雅同学的硕士论文集中了丽江纳西木构架研究的阶段成果，沿用了学界共识的纳西木构有七种基本类型的分类方法并进一步进行了系统归纳。

吴宇晨同学所选题目在学长研究基础上有了切实深入和很大提高。

该论文在研究内容上更加向构造细部及建造过程拓展，详细阐述了从基地处理到木构架到屋架覆瓦的全部建造过程。该论文进一步就七种基本构架之一的小蛮楼进行了大比例的实物搭建研究，这是对导师提出的接近真实再现的研究方法比较典型的实验，这项建造实验，对从构造到营造的递进研究起到了关键作用。

纳西传统木构架构造、建造、营造的脉络凸显，是该论文最具价值所在。

该同学还把营造研究与设计实践相结合，参与了我学院与丽江和墨规划设计研究院合作进行的武汉2015园博园丽江馆设计，该项目已建成并投入使用。

该论文自2014年秋季进入写作，每一个阶段都有认真的修改和踏实的推进。

同意参加硕士学位论文答辩，同意授予硕士学位，并推荐为优秀论文。

"建筑营造体系研究系列丛书"由以下课题与项目赞助：

北京市人才强教计划——建筑设计教学体系深化研究项目；北方工业大学重点研究计划——传统聚落低碳营造理论研究与工程实践项目；北京市专项专业建设——建筑学（市

级）（编号PXM2014_014212_000039）项目支持；2014追加项——促进人才培养综合改革项目——研究生创新平台建设—建筑学（14085-45）；本科生培养——教学改革立项与研究（市级）—同源同理同步的建筑学本科实践教学体系建构与人才培养模式研究（14007）；本科生培养——教学改革立项与研究（市级）——以实践创新能力培养为核心的建筑学类本科设计课程群建设与人才培养模式研究（PXM2015-014212-000029）；北方工业大学校内专项——城镇化背景下的传统营造模式与现代营造技术综合研究，等等。

在此一并致谢。

贾东

北方工业大学　教授

于北京

目录

第1章 丽江纳西民居的基本特征和构成要素

传统民居建筑作为中国传统建筑的重要组成部分，它体现和承载了我国各个地域丰富的历史文化和建筑技艺。我国历史悠久、幅员辽阔，有56个民族，各地域的气候环境、文化信仰具有差异，各个地域的传统民居建筑也有着各自独特的建筑艺术特色和建筑营造技艺，正因为我国传统民居建筑具有的这种多样性，造就了我国丰富多彩的建筑文化。

纳西族作为我国各民族中的一个代表，它分布在中国西南地区，其历史悠久，文化底蕴深厚，现在主要聚居在云南丽江市及其毗邻的地区。纳西民族自古以来就有着较高的文明程度，并有多项世界级遗产和国家级非物质文化遗产，其中在1997年12月云南丽江古城被列为世界文化遗产（图1-1）；2003年纳西东巴古籍文献被列为世界记忆遗产（图1-2）；2006年纳西东巴画和纳西族手工造纸技艺也被列为国家级非物质文化遗产。

除上述世界级遗产和国家级非物质文化遗产外，纳西民族还创造出自己富有特色的纳西

图1-1 丽江古城

1

传统民居建筑。纳西传统民居是我国传统民居建筑中重要的一分子，纳西族传统民居建筑在不断地发展和融合中，逐渐演化成为当今主要分布在丽江古城及其周边地区的合院式民居，其建筑颇具特色，有着较高的文化价值和建筑艺术价值。

图1-2 东巴文字

1.1 纳西建筑演变过程

中国民居建筑发展都要经历穴居、半穴居、巢居、逐步进入"规制"民居，但由于地域的不同，最终形成的民居也会呈现出各种各样的形态。纳西族是我国历史源远流长，文化底蕴深厚的少数民族之一，纳西族人善于吸收学习外来文化，并利用自己的聪明才智加以改进创造。经历了漫长迁徙和发展道路的纳西族人对于自身的建筑文化也从最初的利用自然环境选择居所，进步到选择自然环境中可以搭建居所的材料搭建自己的居住地。这期间不仅伴随着民族的迁徙也经历了漫长的社会发展与变革，而这每一次的变革都是对自然环境的一种适应和选择。通过不断地接触、学习、吸收和融入，纳西族建筑经历了6个发展阶段：从远古时期的穴居、毡房、窝棚；到隋唐时期的"土庄房"和"木楞房"，最后是明代以后的合院式建筑。

通过考古研究发现，早在旧石器时代晚期，云南大部分地区就有先民的活动，这里发现了晚期智人化石级哺乳类动物——"丽江人"的骨骼和使用的石器等。他们居住在靠近水源但不会被洪水冲击淹没到的天然洞穴中，依靠狩猎和采集为生，过着简陋的穴居生活，这也是原始人类最普遍的居住状态。

真正的纳西族古代社会第一个阶段是在汉代和汉代以前，《汉书·西南夷传》中对当时纳西族先民们的生活状态曾描述为："随畜迁徙，无常处，无君长，地方可数千里"。在如同先祖羌人"四海为家，随畜游居"，以采集、狩猎、游牧为生的日子里，轻便、能够快速拆卸组装的毡房成为这个阶段纳西族人常用的居住方式。

晋到唐宋之间，是纳西族古代社会发展的第二阶段。随着部族从西北向西南山地的不断迁徙，聚居集中在金沙江沿岸地势险要之处。这时纳西人掌握了一定的新技术以提高生产力，而游牧的生活方式也逐步转变成农耕生活，居所相对固定。定居的生活带来经济的提升，部落间的势力纷纷崛起，各方势力相抗，社会处于"依江附险，酋寨星列，无所统摄"的时期。这时的建筑由固定式的房屋来代替活动的毡包，利用山区树木茂盛的自然条件，创造了用树木枝干捆扎成圆锥形屋架形式的称为"化笃"的窝棚式建筑。因为取材方便易得、建造简单，适用于群体聚居从而成为新的居住方式。

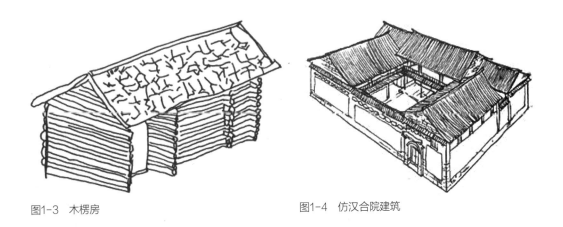

图1-3　木楞房　　　　　　　　　　　　　　图1-4　仿汉合院建筑

到了唐代，纳西族居住区域处在南诏和吐蕃势力之间，在大渡河和无量河地区，纳西先民受吐蕃民居建筑的影响建造了"土庄房"作为其居住建筑。而根据纳西族东巴经的描述，在宁蒗地区的纳西族民居普遍使用的是井干式的"木楞房"（图1-3）。直到现在，在高寒的山区以及与四川接壤的宁蒗县泸沽湖一带，纳西族的分支摩挲人还保留有反映母系社会生活特点的大院式住宅及"木楞房"式的建筑。

到了明代纳西族处于定居的状态，这时也是汉族文化大规模传入丽江的时期。各种仿汉式的合院建筑开始流行，当时多为"三坊一照壁"的格局（图1-4）。后在清初确立了以土木结构为主的建筑形式并逐渐改进演变至今。

1.2　丽江纳西民居基本特征

丽江坝子自然条件优越，雨水充沛、温度适宜。生活在此的纳西族人热情好客、民风淳朴，与他族交往密切、善于学习与吸收，对自然界万物抱以崇敬之情，这种民族性格与文化传统影响着纳西族人创造出了具有浓郁地方特色和民族风格的建筑。老一辈建筑学家刘致平先生对丽江传统民居曾做出评价说："云南最美丽生动的住宅要算丽江"。合院式的纳西族民居在院落平面形式、建筑造型艺术、细部装饰、结构材料工艺等方面有其独特的想法和营造方式。

1.2.1　纳西民居院落特征

现今的纳西民居，是经历了漫长发展和演变而形成的最终形态。它的形制已完备，保留着一定的唐、宋建筑风貌；它们既带有汉族、藏族、白族民居风貌，又保存了纳西民居的自身特色。本书所涉及的纳西院落属于纳西民居最终形成的院落形制范畴。

纳西民居是以家庭活动的室外空间——院子为中心，围绕院子再建房屋而形成的。在以农业为主要生产方式的丽江，宽大的院子既是家庭活动的场所也是生产劳作的区域，属于整个建筑的核心区（图1-5）。

图1-5　宽大的院子

以围绕院子布置房屋这一原则，纳西族民居创造出多种平面布局方式。分别是只有一坊正房与院子围和成的"一坊房"型；正房和一个厢房的"两坊房"型；有一坊正房，左右两个厢房以及正房对面的照壁组合的"三坊一照壁"型；由正房、下房、左右厢房四坊形成一个封闭四合院的"四合五天井"型；由前几类前后拼接组合的"前后院"型；左右拼加组合成的"一进两院"型；以及规模更大的多重组合院落。其中以"三坊一照壁""四合五天井"院落最为经典。

纳西民居院落形式在平面布局上有一共同的特点，即围绕院子布置平面。在丽江纳西传统民居中几乎家家都有庭院，如同美国建筑大师赖特创造的住宅中将壁炉作为整个房屋的中心一样，纳西民居的中心就是一个近似方形的院落或是天井。作为纯室外的庭院是人与自然环境直接交流的场所，自古以来就有"天人合一"之说。

受中国传统文化影响的纳西民居同北京四合院、昆明"一颗印"、安徽民居等其他民居一样，在民居设计中注重建筑与院落或天井的关系。虽然同是用天井组织院落空间，但纳西民居中院落的布置相比于北方四合院来说更加丰富活泼有生机，而又比安徽民居中的天井面积大，通过对比可以看出：丽江纳西民居的天井成矩形，宽大且开阔（图1-6）；昆明"一颗印"以其方正的天井为主要特点，平面是标准的正方形（图1-7）；皖中民居中的天井面积较小，成细长形（图1-8）。

根据民居的规模及各家用地情况不同，纳西民居中院子大小不一，代表的功能也不同。在城镇如大研古城，因为占地紧张，庭院面积一般比较小，但布置的确很精致讲究：地面用卵石、块石、方砖、瓦片等常见的简易材料按照各家的喜好和民俗习惯铺装成动物类、植物类以及几何状的纹样图案，常见的有蝙蝠形状、铜钱形状的样式，取其"福"字谐音，代表着祈福之意，寓意人们美好的愿望；院中栽种千姿百态的花卉、盆景点缀其间，营造出一种自然幽静的生活气息，具有 定的装饰和生态功能，也体现了纳西族人对自然之物的喜爱。

而在丽江的农村地区，因占地充裕，其院落面积较大，风格更为朴实：地面一般不用块石铺地而只用水泥或原土稍加平整，宽大的院子中阳光充裕、通风流畅，既是晾晒农作物、操作手工业之地又是孩子们玩耍嬉戏的好地方，具有一定的生产和生活功能。

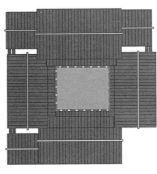

图1-6 纳西院落的天井

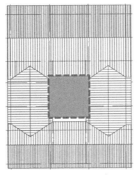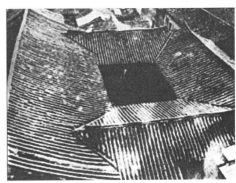

图1-7 昆明"一颗印"的天井

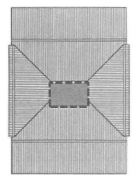

图1-8 安徽桐城左家大屋天井

1.2.2 纳西民居建筑特征

纳西族人经过长期实践经验的积累，创造出一种具有浓郁乡土气息和民族特色的建筑风格，纳西建筑不仅在结构和布局上有其特点，在朴实生动、精美雅致的外观形象上也呈现出其独特的建筑魅力。

（1）造型组合

丽江纳西民居以群体建筑的方式存在，结合丽江多山的地势表现出高低错落、大小不一的组合特点。在一个院落中，等级较高的正房多建在地坪较高之处，二层的建筑房间规模也较大，屋顶高于其他各坊，整个院落出现高低变化。另外纳西建筑中每坊建筑单体一般都为三开间式且在同一个高度，但如果出现偶数如四开间时，选其一侧的一间要降低高度；出现五开间时，最边上的两间都要降高，以保证建筑体型上活泼多变、纵横交错、错落有致、主次分明的特点（图1-9）。

纳西建筑艺术中的另一特点是其屋顶的造型，纵向的屋脊两角起翘，名为"起山"（即生起）；横向两坡屋顶的第二、第三架挂坊、檩条皆落低一些，名为"落脉"（即举折）。这种做法使屋顶纵横两方向皆微微起翘，形成一条曲线，屋顶轮廓也更加舒展柔和而优美。纳西建筑的屋顶做法有悬山、硬山两种，悬山应用最为广泛。深远的挑檐在山墙上形成深厚的阴影，与端头的悬鱼相结合，造型更加生动活泼（图1-10、图1-11）。

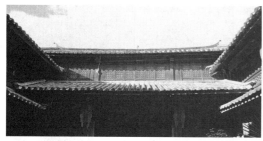
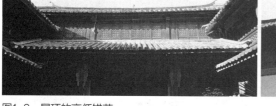

图1-9　屋顶的高低错落

图1-10　屋顶的造型

图1-11　悬山与硬山屋顶

纳西民居是以土木材料为主的建筑，外墙面多用厚重的土坯墙体围护，部分有石砌墙基、青砖和抹灰的点缀，外观朴素大气。厚重的外墙采用了"见尺收分"的做法，上处略为向里倾斜，中间有麻雀台的分隔，整体造型上与宽大深远的屋顶配合产生轻盈的效果。

（2）空间特点

纳西民居的建筑空间具有一定的逻辑性和秩序性，空间层次清晰而自然，主要分为公共性空间、半公共半私密性空间、私密性空间。

建筑空间层次按照居住者使用的亲疏频率和其公共性程度来说，第一层次的公共性空间包括屋宅以外的室外、门厅、内院、厦子等；进入房间之后是半公共空间，家庭成员可以在堂屋、厨房、书房等地活动，对外人却有所限制；最后的私密性空间是各家庭成员的卧室，因其特殊的私密性而有一定的限制。

（3）装饰特点

纳西民居重视院内装饰，重点装饰部位有院内立面的门窗隔扇、院落地面铺装、照壁以及局部木构架等。装饰材料传统易得，装饰风格与其建筑风格一样朴实大方，反映出纳西人民对美好生活环境的追求。

1.3　纳西建筑基本构成

1.3.1　纳西建筑构成要素之木

一、木材的基本特性

树木经过多年的生长，质地坚韧牢固，力学性质较好，质量轻且强度高，具有较高的弹性和韧性，能够承受一定的荷载和强度。

木材的物理特性表现为具有较好的热工性能，用木材建造的房屋能够隔热、隔声、具有调节室内温湿的作用，建筑冬暖夏凉适宜居住。

木材的纹理丰富清晰，根据其生长年限和树种的不同天然的花纹样式也不尽相同，触感、视感良好。再加上其本身具有一定的形状，易加工成柱梁等构件，建造时所用材料在粗细、长短、榫卯接合方面很容易满足施工要求，便于雕凿刻划成各种精美的装饰纹理图案，工艺可塑性大。

二、木构建筑的形成基础

中国传统建筑一直以木构系统为主，建筑学家梁思成先生曾说："中国建筑乃一独立结构系统，历史悠长，散布区域辽阔……虽与他族接触，但建筑之基本结构及部署原则，仅有缓冲之变迁，顺序之进展，直至最近半世纪，未受其他建筑之影响，数千年无剧变之迹，掺杂之象，一贯以其独特之木构系统，随逐我民族足迹所至，树立文化表态。"纳西族在定居

图1-12 木府 万卷楼

丽江之后，通过茶马古道的联系，纳西族与汉族及其他民族交流密切，纳西建筑在一定程度上也受到汉式建筑的影响，发展木构建筑。在纳西传统建筑中，上至府衙——木府、下至普通民居，无一不是以木为材料，以木构架为结构（图1-12）。

总结来说，纳西建筑以木为材，以木构为骨的建筑特点和当地气候地貌、技术条件、经济状况、民俗宗教等因素有关。

（1）气候地貌

建设的基本要素和手段取决于建筑使用的材料和技术，而用什么建筑材料又和当地的自然资源有关。丽江地区的地形地貌具有多样性的特点，地貌复杂多样，有高山峻岭、奇峰挺拔，还有平原辽阔、江河纵横。气候条件属于高原型西南季风气候，年平均气温在12.6~19.8℃之间，冬暖夏凉温度适宜，每年的五到十月为雨季，雨量充沛丰富。由于得天独厚的气候和地形条件丽江有着充足丰富的木材和土石资源。纳西人根据"就地取材、因料施用、因事制宜"的原则，选取易得的木材、土材、石材建造住所。

（2）技术条件

技术条件对于建筑的选材影响非常重要，建筑更多地依赖于技术，以技术的成果作为展现，更是从侧面反映社会文化意识。木结构形式的建筑相对于西方的石材建筑更加节省材料、施工时间快、需要的劳动力少。这些也是中国人在长期的实践中，经过详细分析和比较，最后选择和确认下的一种合理的建筑形式。纳西的木构建筑也是经过长期的演变不断的改进和调整成现在的木构形式。

（3）经济状况

经济因素常被认为是一个影响传统聚落和民居形式发展演变的重要因素。由于特殊的地理自然环境和聚居人口的复杂性，丽江自古就与内地和发达地区在经济、文化和社会发展等方面存在一定的差距，且处于相对滞后的状态。虽然木构建筑在防火性及耐久性等方面存在着巨大的缺陷和问题。但由于经济落后，要从外地运输新型材料，成本过大。现在丽江纳西居民在建房时还多是采用随处可得、经济便利的木材。

另外，中国古时的社会政治制度和观念，历来主张"卑宫室"。刘致平先生在《中国建筑类型与结构》里说："我国一向即很少乱用物力，追求挥霍荒诞的建筑出现，此亦与农业立国，习于简朴有关。"古往今来，中国广大地区的住家民居成家立业时，习惯视"备上木，招良工"为大事，盖新房自然而然地促进了木构建筑的普遍运用。

（4）民俗宗教

我国著名学者梁漱溟先生说："文化是一个民族生活的种种方面"，这里提到的"种种方面"笔者认为指代了人类生活的各个方面，包括各民族的生活方式、风俗习惯、文化思想等。纳西族信仰东巴教、喇嘛教及天、地、山、水等自然神，他们有木石崇拜的情结，例如丽江纳西族把住房室内顶天地立的木柱作为生命的依托。"生命拴在顶天柱上，它不垮，生命就保存。"[①]木构建筑满足了民族崇高优美的审美情趣，祖宗崇拜的伦理观念。

三、纳西建筑中木的运用

木的运用是我国传统木结构建筑的核心，木构建筑的特点是结构层次清晰，承重与围护构件分工明确，整个建筑利用构件榫接卯合的方式，按照柱、梁、枋、檩、椽这一体系的结构逻辑关系组构而成，结构轻便、自然，建筑灵活性强。经过多年的演变过程，丽江纳西族建筑也形成一套与我国传统的木结构建筑建造方法一脉相承的体系。

民居建筑的特点之一是能最经济、最快捷地建造自己的房屋。而丽江地区木材资源丰富，获取、加工、运用方便，这就为使用木材建造房屋提供了经济便捷的条件，房屋的其余建造材料大多也通过土、石的就地取材来制作。

纳西建筑的基本构成由下至上、由外至内分为底部基础、外围护墙体、核心骨架、室内和屋顶五个部分。除了用石材建造的底部基础和勒脚外，还用土坯、夯土等建造的厚重外围护墙体以及屋面的瓦件，其余部分都使用木材建造：核心骨架是木构架结构（图1-13）；室内构件也以木材为主要材料，如木地板、木天花、木隔墙、木门窗隔扇等，条件较好的家庭装修更为讲究，会在天花板及土坯墙内面加装木顺墙板；屋顶则采用木檩条、木椽（图1-14）。

---

① 杨知勇，西南民族生死观[M]. 昆明：云南教育出版社，1992.

图1-13 纳西建筑木构架　　　　　　　　　图1-14 纳西建筑木装修

1.3.2 纳西建筑构成要素之土

人类居住在土地之上，土也是最早被人类利用建造自己家园的材料之一。生土材料分布较广泛，几乎有人的地方就有土地，有土地的地方就有人居住。民居中大量运用生土材料，建造出多种多样的乡土建筑。蒋高宸先生在《云南民族住屋文化》一书中就说："乡土建筑的重要特征之一就是对乡土材料的钟爱和运用。正是利用乡土材料，才谱写出了那一部部色彩斑斓的泥土的、木头的、翠竹等震撼人心的云南民居童话。"

一、生土材料的基本特性

中国在对土的运用方面有着较高的能力，可以直接利用生土材料，也可以制作成一定形状加以利用。早在春秋战国时期就有方砖和长形砖的出现，发展到秦汉时期制砖的技术和生产规模都有显著发展，被誉为"秦砖汉瓦"。而生土材料主要是指来自于自然界中的原土，未经过土窑的烧制，这是由原土经过初级加工而成的建筑材料，适用于各种建筑形式，多出现在传统的民居建筑中。

作为同是以土为原料的另一种古老建筑材料黏土砖，从陕西的秦始皇陵到北京的明清长城中都有它的应用，传承了中华民族几千年的建筑文明史。黏土砖也可称为烧结砖，是以黏土（包括页岩、煤矸石等粉料）为主要原料，经泥料处理、成型、干燥和焙烧而制成的。在与生土材料的对比中发现（表1-1），黏土砖和生土材料一样具有取材方便，价格便宜，经久耐用等特点。但与生土材料在基本的材料性质上有所不同，最大的不同点在于它需要高温焙烧，在烧制的过程中不仅浪费燃料，污染空气，还会产生大量的工业废渣，污染环境。

生土材料与黏土砖的区别　　　　　　　　　　　表1-1

	加工过程	物理性能	受力性能	经济性能	环保性能	使用概况
生土建筑材料	原土的初级加工，未经过烧制过程	质量大，易吸水、比热较大；防火、隔热、隔声、吸潮	受力情况较弱	经济实用，经久耐用	使用后能还原成土，回归于自然环境	曾经普及，现已较少使用
黏土砖等土质材料	经泥料处理、成型、干燥和焙烧而制成的	质量小，较防水、比热较小；防火、隔热、隔声、吸潮	受力强度较高	价格便宜，耐用牢固	使用后形成工业废渣，无法直接回归自然环境	初期使用较广泛，于2005年禁用

二、纳西建筑中生土材料的运用

生土材料在纳西建筑中主要应用在墙体和屋顶上，具体可分为夯土、土坯和陶瓦三种形式。

（1）夯土

纳西民居的墙体构成分为三个层次，由下到上分别是石、土、木。接触地面的部位一般是用质量较大的石材，但也有采用整体式砌筑的夯土墙作为基础的建筑。它的做法是在建造屋宅的附近就地挖土，将土和一定量的草筋、竹片、碎石子等材料倒入特制的夹板槽中，以增加夯土墙的密实性和强度，并按照平面布局中墙体的位置，用人工夯捶的方法逐层夯实。在夯筑的过程中要注意土质的湿润度，过于干燥的土质会使得墙体或不同层面的夯实结合得不紧密，造成墙体开裂。

（2）土坯

中间的维护多是采用砌块式的土坯墙（图1-15）。丽江土坯类似于黏土砖块，但未经过井窑高温烧制，是纳西民居中广泛被使用的一种原生材料。在本书第7章中会对土坯进行详细的介绍。

（3）陶瓦

陶瓦大量使用在建筑的屋顶中。它的做法是选择不含砂子的黏土用模具制作成型，并经过瓦窑高温烧制而成的，是土在运用方面的改进。

纳西民居中的瓦多为灰黑色，屋顶筒瓦和板瓦交替搭接铺装，结合屋顶自身的"起山落脉"形成屋脊凹凸交替起伏的曲线，因此整个屋顶的形态更加生动活泼。另一个有特色的地方是在屋顶两端，屋脊收头处向上起翘，划成一条弧线，将屋顶点缀得更加活泼而灵动（图1-16）。

在纳西建筑中瓦的应用不仅仅局限于屋顶，在地面铺装、建筑装饰构件中都能看到它的使用。瓦片可以应用在窗户上，按照一定的方式拼接构成图案（图1-17）。内院地

图1-15　土坯墙

图1-16　屋脊收头弧线

图1-17　瓦片拼接的窗户图案

图1-18　瓦片铺装的地面

图1-19　屋顶的装饰瓦件

面铺地中利用瓦的弧度一层层排列铺装，给人一种规律感和指引性（图1-18）。而瓦碴还可以与其他地面材料如卵石、石块一起应用组合拼装成各种图案，丰富内院的地面造型。另外纳西建筑用瓦在屋顶的屋脊和边端的屋线上会设计成一些建筑装饰构件，丰富屋顶的艺术性（图1-19）。

瓦在纳西建筑中由单纯地铺装屋顶，用于排水的建筑材料演变成具有多种功能的面材，其质感和排列出的肌理效果得到了强调，体现了民居中对于传统材料的灵活运用，强调细部设计的特点，以此创造出独具一格的特色建筑。

第2章 院落营造与街巷空间组织

2.1 纳西院落基本营造要素

院落是一个独立的介于街道与建筑单体之间的体系，其营造要素丰富。纳西传统民居院落的营造要素富有地方特色，本节对其院落的基本营造要素特点进行介绍。

2.1.1 建筑单体

建筑单体为纳西院落中的每坊建筑，根据使用性质和位置分为正房、厢房下房和过厅，它们是纳西院落营造的基础单元和核心。正房是院落的主体建筑，多为两层三开间，其屋顶和地坪均高于其他厢房和下房；正房的明间为堂屋，是全家聚会、举行礼仪、接待贵宾的场所，正房两侧常带有耳房（当地也称为"漏角屋"），耳房面阔一到两间，一般用作厨房或其他家务，规模较小的纳西院落里，正房不带耳房（图2-1）。厢房位于正房两侧，多为两层或一层，面阔三间，高度和平面尺度均小于正房，作为卧室、客房、储藏等功能使用（图2-2）。下房与正房反向布置，常作为储藏杂物使用，农村也常作为牲畜圈使用（图2-3）。过厅（花厅）出现在多院组合的纳西院落中，明间可以从两面穿行，常布置在天井与天井之间（图2-4）。

正房或过厅的开间尺寸一般约3米至4米，厢房开间尺寸一般约3米至4米。进深尺寸一般约为3米至4米。在高度方面注重标准配对，比如其底层高度一般有70寸（约2.33米）、80寸

图2-1 丽江农村某一纳西院落中的正房

图2-2 丽江农村某一纳西院落中的厢房

图2-3　丽江农村某一纳西院落中的下房　　　　图2-4　组合院落中的过厅

（约2.67米）、90寸（约3.00米）（从京柱根部到扣承枋上口）几种，二层楼层高度一般有65寸
（约2.16米）、70寸（约2.33米）、75寸（约2.50米）、80寸（约2.67米）（由扣承枋上口到京檩
下口）几种，且只能依次选取配对，比如底层80寸，二层只能选取70寸，这种做法保证了建
筑单体上小下大的形体稳定比例关系。

院落中建筑单体的尺寸与形式较为多样，这些具有多样性的建筑单体没有造成院落的杂
乱无章，因为足够的共性统一了其中的差异。这些共性体现在两个方面，首先是建筑单体的
屋顶。院落每个建筑单体都有宽大屋顶，屋顶的"起山"和"落脉"使屋顶纵横向就形成微
小的反拱曲线。一般正房屋顶的"起山落脉"弧度比其余房屋略大，在形制上反映出等级的
不同，但整体上和谐统一。

另一个共性就是院落中必不可少的"厦子"。院落中建筑单体多带有宽大的檐廊，当地
称为"厦子"，"厦子"是纳西院落的重要组成部分，无论家人或客人经常在"厦子"空间中
完成起居、就餐等活动。正房带有檐廊，厢房和下房也多数情况带有檐廊。"厦子"是天井
到室内的过渡空间，是纳西建筑的重要部分，它是居民主要的日常起居、劳动生产的场所，
同时兼具交通功能（图2-5）。

纳西院落的建筑单体在展示院落内立面与外立面时，呈现出两种不同的形态。当建筑单
体作为院落的内立面时，通透的门窗隔扇镶嵌在用以划分开间的柱子之间，两侧再加以坚实
的山墙，使得整个立面在保证采光通风条件的同时营造出强烈的虚实对比；当建筑单体作为
院落对外展示的外立面时，除檐下一排小尺寸的开窗外，其余均为实墙，使得整个立面呈现
出鲜明的材料撞击效果（图2-6）。这种内外兼备的双重性，导致纳西院落在对内、对外呈
现出独特的效果。

图2-5 厦子

图2-6 建筑单体外立面

图2-7 "一滴水"照壁

图2-8 "三滴水"照壁

2.1.2 院墙与照壁

院墙和照壁是纳西院落营造的重要要素，都起着围合、分割内外空间等作用，墙体都为实墙，没有虚化的处理，是纳西院落整体私密性的有力保障。照壁和院墙都由石勒脚、墙身和瓦顶三部分组成。墙身多由土坯砖砌筑，经济条件好的人家会对土坯墙身表面采取抹灰、局部镶贴青砖的处理手法，来达到保护、装饰墙身的目的。

照壁是在院墙的基础上，增添了装饰的艺术表达。院落中照壁通常正对正坊，在"三坊一照壁"型院落中较为常见。照壁比院墙更加高大挺拔，不仅能遮挡视线还能防风御寒。丽江纳西院落的照壁根据造型分为"一滴水"和"三滴水"两种。"一滴水"照壁顶端齐平，不分段；"三滴水"照壁在民居中较为常见，分为三段，中段高起，墙顶由青砖、小青瓦叠砌形成线脚和檐顶，檐顶多为庑殿式，脊尖起翘，形态优美，与院落中建筑屋顶相呼应，照壁墙身通常进行粉饰和贴砖，在墙面形成装饰性线脚和方框图案（图2-7、图2-8）。

图2-9 粉饰的院墙和照壁

图2-10 石材、土坯砖裸露的院墙和照壁

　　由于本身修建年代不同，加上经济条件等因素的影响，照壁与院墙也呈现出不同形式。这些不同的形式更多地表现在材料的使用上：有的院墙和照壁只是粉饰，不进行贴砖（图2-9）；而在相对原生态的纳西院落中，院墙和照壁不进行装饰，墙身材料如土坯、石材等直接裸露在外，院墙和照壁就成为反映当地建筑材料的最佳展示者，如丽江玉湖村纳西院落多采用玉龙雪山脚下常见石材修葺院墙（图2-10）；此外，采用土坯砖砌筑的院墙和照壁由于土坯砖颜色及砌筑方式的不同，也形成不同的立面效果。

2.1.3　门楼

　　门楼是丽江纳西院落中必不可少的营造元素。它界定了院落的内外空间，是院落空间序

图2-11　独立式门楼

图2-12　贴立式砖拱门楼

图2-13　贴立式木梁门楼

列的起点，也是院落中表现建筑艺术的重要之处。门楼根据位置、形态的不同，分为独立式门楼和贴立式门楼。

独立式门楼为单独建造，一般位于院落一侧，多朝向东或南，左右与院墙或照壁相连。独立式门楼为木构架搭建，屋面较大，多为庑殿式，也有部分为悬山式，檐角起翘，形态优美；檐下木枋雕刻有精致的雕花；门洞左右两侧建有墙垛，平面上呈外八字形，墙顶也做瓦檐（图2-11）。

贴立式门楼为贴立在山墙或院墙上的门楼，是在墙洞上空挑出檐口形成门楼的造型。贴立式门楼与独立式门楼相比更加简洁，多为三滴水式。修建时在墙上预留的门洞两侧加建墙墩，墙墩上架木梁或通过砖拱承托门楼屋檐的重量。门楼作为纳西院落空间序列的起点，被看作整个院落的门面，其多朝东或南，取"紫气东来""彩云南观"等吉祥之意（图2-12、图2-13）。

2.1.4　天井

天井是建筑单体、院墙、门楼等实体要素围合形成的虚空间，是营造院落空间、院落景观等方面的综合要素，是纳西传统院落的精髓。

院落正中的中心天井平面近似正方形，院落的其余营造要素都以此为中心进行平面布置，其承担了日常起居，生产劳动，休闲娱乐等使用功能；位于院落转角处，由于耳房进深小于正房而与厢房山墙、院墙形成的一个矩形的小天井空间（当地也称为"漏角天井"或"一线天"），则承担便于漏角屋采光、排水和通风的作用。作为院落整体空间的中心天井与作为过渡空间的小天井和檐廊空间相互渗透、有序组织，营造出了纳西传统院落完整而有机的空间秩序。

纳西院落的天井经常作为"起居室"使用，纳西人民对其的布置包括铺地、景观以及各种生产生活用品等。其铺地形式多样，以富有象征寓意的图案铺砌居多，铺地材料遵循"就地取材"原则，以石块、瓦片、卵石为主。其景观绿化布置多别出心裁，如用各种盆景布置的花台或花廊，小巧之余不失构图效果；用各种果树或景观树作为中心，树下配以各种盆景布置的花池，构图完美之余不失细部点缀（图2-14）。有的院落还将水引入院内，在营造空间意境的同时，还有效调节纳西院落的小气候。在原生态院落的天井中还有为了晾晒农作物而产生的晾晒架，也是纳西院落中别样的景色（图2-15）。

图2-14　使用与装饰并重的天井空间

图2-15　注重使用功能的天井空间

2.1.5　纳西院落营造要素组合分析

纳西院落由各个营造要素组合形成，本节对上文阐述的纳西院落营造要素进行整合，通过营造要素的组合，对纳西院落现有形式的形成进行推导。

（1）当唯一的一组建筑单体不能满足纳西人民生产生活需求时，增加一组建筑单体就是必须的，于是就形成两坊房。两坊房院落由正房、厢房、漏角屋、院墙、门楼、天井组合形成，加之院落周围自然环境，院落形态也会发生相应变化（图2-16）。

（2）当经济条件提升、社会越加先进、生活水平逐步提高时，就会有新的一组厢房加入院落，形成纳西院落中最为常见的"三坊一照壁"形式。其院落空间由正房、两组厢房、漏角屋、院墙、天井、照壁、门楼组成。同样为了适应地形地势变化，院落会做出相应的变化（图2-17）。

（3）当纳西院落进一步完善时，就会加入倒座，形成纳西院落的四合五天井形式。其院落空间由正房、两组厢房、漏角屋、下房、院墙、天井、门楼组成（图2-18）。

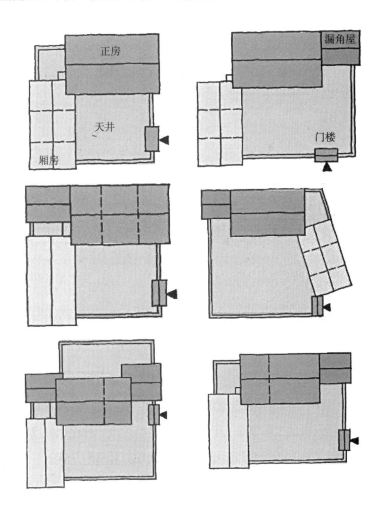

两坊房——正房+厢房+漏角屋+
院墙+天井+门楼

图2-16　营造要素组合示意图1

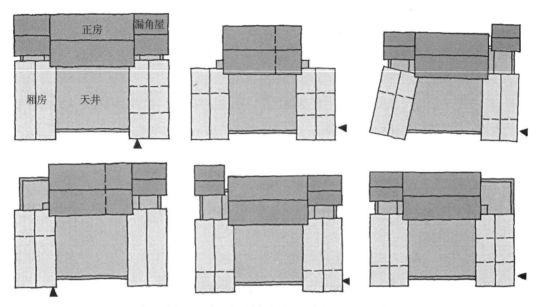

三房一照壁——正房+西组厢房+漏角屋+院墙+照壁+天井+门楼

图2-17 营造要素组合示意图2

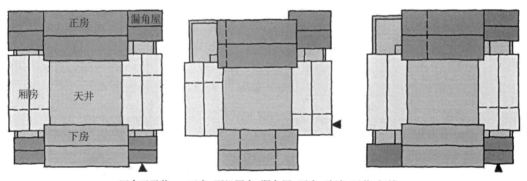

四合五天井——正房+两组厢房+漏角屋+下房+院墙+天井+门楼

图2-18 营造要素组合示意图3

2.2 院落平面形式

　　纳西传统民居以院落的大天井为中心，通过"坊"围绕大天井来组织院落空间和平面布局。"坊"为纳西传统院落的建筑单元，每"坊"建筑通常为由四榀木屋架构成的两层三开间房屋，底层带有檐廊。作为正房的一坊建筑，房屋两侧或单侧通常会设耳房，开间为一到三开间不等。耳房主要作为辅助用房使用，耳房和正房的后檐墙通常齐平，其开间进深及层高均小于正房。

以"坊"作为单位，可以灵活组织，营造多种院落平面形式，来满足不同的使用需求。根据"坊"的数量和布局形式，纳西传统民居院落分为以下类型："一坊房""两坊房""三坊一照壁""四合五天井"；由前几类两两拼接组合的"前后院""一进两院"组合型院落；以及规模更人的多重组合院落。

2.2.1　一坊房院落

一坊房是最基础的纳西传统民居院落类型，由一坊二层三开间单体建筑作为正房和院墙围合形成院落，正房明间为堂屋，用作起居，次间作为卧室，前檐有厦子。正房单侧或两侧可设耳房。该类院落形式常见于过去经济条件不足的户主，先修建一坊房屋，院落中预留好足够的空地待时机成熟再扩建；也可能受地块面积的限制而只能修一坊房屋（图2-19、图2-20）。

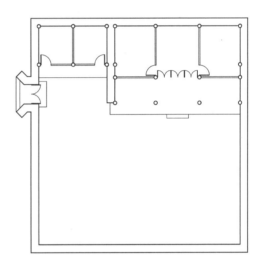

图2-19　一坊房院落平面示意图

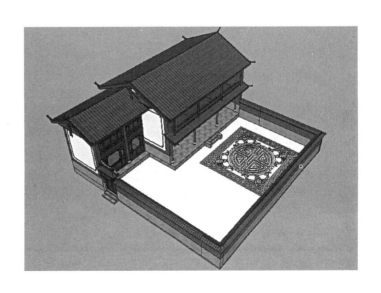

图2-20　一坊房院落示意模型

2.2.2 两坊房院落

两坊房是在一坊房的基础上加建一侧的厢房，形成"L"形的平面构图。厢房一般也为二层三开间，可用于晚辈的居住或储藏。平面上形成了一大一小两个天井空间，一个为院落中两坊正对的大天井，另一个为两坊房屋的夹角处，耳房的退后空间与两坊的山墙及院墙形成了一个矩形的空间，称为漏角天井，作为辅助空间使用，两坊房较一坊房院落更加实用（图2-21~图2-23）。

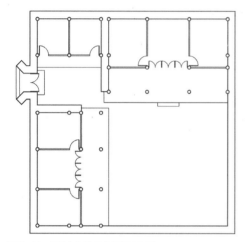

图2-21 两坊房院落平面示意图

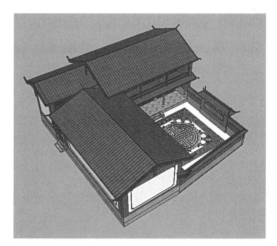

图2-22 两坊房院落示意模型

图2-23 两坊房

2.2.3 三坊一照壁院落

三坊一照壁院落习惯称为三坊一照壁，是纳西传统民居经典的院落类型，较为常见。它由三坊建筑组成，即正房及耳房和两侧的厢房，正房一般朝南布置，是家中长辈居住生活以及完成祭祀、敬神等活动的场所。正房的层高、进深以及地坪高度都略大于厢房，院落平面上形成一大两小三个天井空间，正房正对照壁。

院落漏角天井处的耳房作为厨房、书房等辅助空间使用；两侧厢房作为晚辈起居使用，通常也有檐廊。院落中的大天井是院落联系自然的开敞空间，承担着生活、娱乐和生产的作用，照壁是对院墙的修饰，天井中临近照壁的一侧设置花台或花池，其上布置多彩的植物以丰富院落景观。院落入口一般开在照壁一侧的厢房山墙上，形成一个入口门楼，由院外步入厢房的檐廊（图2-24~图2-26）。

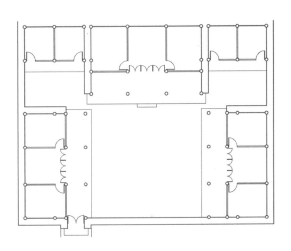

图2-24 三坊一照壁院落平面示意图

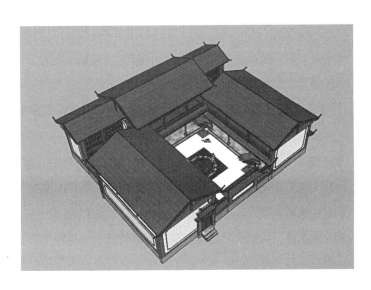

图2-25 三坊一照壁院落示意模型

图2-26　三坊一照壁院落

2.2.4　四合五天井院落

四合五天井院落也是纳西传统民居常见的院落类型，它是在三坊一照壁的基础上，将照壁的位置用倒座代替，形成由四坊建筑围合而成的院落。四坊一般都为两层三开间，正房一坊的层高、进深以及地坪高度都大于厢房和倒座。由于倒座的存在，倒座两侧又形成两个小天井空间，所以院落中有一大四小五个天井。院落中存在极少部分的院墙，大部分以建筑单体围合。天井是院落的中心，同样发挥其生活、生产、景观、娱乐等场所功能。院门一般开在临街的一处小天井处，该处不建耳房；通过院门再穿过一坊建筑的山墙门洞即可进入院内。院落每坊建筑底层的檐廊，甚至两层通常可相互连接形成"回"形连廊（图2-27、图2-28）。

"四合五天井"还有一种形式被称为"四合头"，其平面布局形式与"四合五天井"基本一致，也是由正房、左右厢房、倒座四坊房屋组成。但其不同点大致归纳为三处，第一是"四合五天井"相邻两坊屋面错落相叠，正房高于厢房，既体现等级制度，又避免形成斜沟，因为民居建造上有"十斜九漏"的传统说法。而"四合头"相邻两坊的屋面是等高的，相交处产生斜沟。第二，"四合五天井"的厦子空间是各坊分开的，"四合头"楼面的厦子空间是四坊相连的，构成了"跑马转角楼"的样式。第三，"四合五天井"可任意选用各种形式的木构架，而"四合头"只存在于采用蛮楼木构架当中（图2-29、图2-30）。

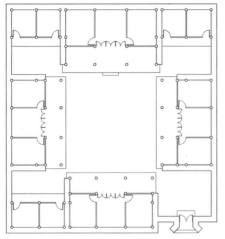

图2-27　四合五天井院落平面示意图

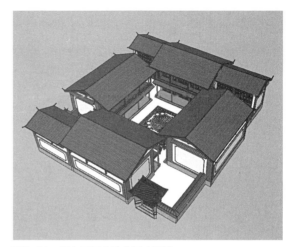

图2-28　四合五天井院落示意模型

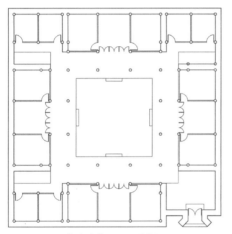

图2-29　四合头院落平面示意图

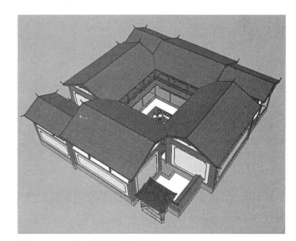

图2-30　四合头院落示意模型

2.2.5　组合型院落

组合型院落是以单个院落为单元，进行组合形成规模更为庞大的院落，院落单元多为三坊一照壁及四合五天井。两个院落单元的组合为最简单的组合型院落，其组织方式分为前后院型和一进两院型两种。

前后院型院落即在正房的纵轴线上形成两个院落，前院为附院，多为三坊一照壁或两坊房型院落，后院为正院，通常为四合五天井型院落，两院之间可通过过厅穿行。

一进两院型院落即在正院一侧再修建一院落，形成有两个正房的纵轴线的组合型院落（图2-31~图2-34）。

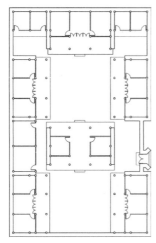

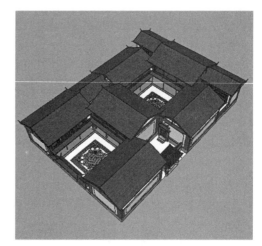

图2-31 前后院院落平面示意图　　　　　　　　　　图2-32 前后院院落示意模型

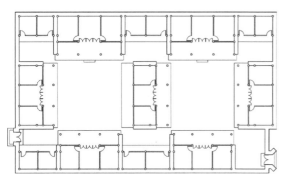

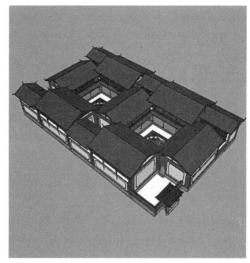

图2-33 一进两院院落平面示意图　　　　　　　　　图2-34 一进两院院落示意模型

2.3 院落空间营造模式

从上节的各类型纳西传统院落可以看出其平面的组合模式是有一定规律性的。

首先平面的组织强调以院落中的天井为中心，围绕天井的四周布置每一坊建筑，根据围绕天井布置"坊"数量的不同，就形成不同平面形式的单独院落，而耳房数量的不等也增添了平面组合的变化。以"四合五天井"院落形式为例，院落以天井为中心，四周分别布置正房、两组厢房、倒座四组建筑单体进行围合。其次，平面的组合具有比较明显的主次关系，比较强调正房的重要地位，它的地坪高度、房间进深大小都大于厢房和倒座。再者，院落平面强调对外封闭而内部空间开敞，各坊建筑、照壁和院墙将院落围合得较为严密，而内部大天井宽敞，这体现了纳西人民对院内空间的重视。规模更大的组合型院落的平面组合则为单体院落的串联式或并联式组合。

而丽江现今真实存在纳西院落的平面形式并不会都像上文介绍的基本平面类型那样中规中矩，方正严格，实际大多数会根据使用需求、地形、地势条件等因素，在遵循纳西传统院落基本平面形式的基础上做出灵活、合理的改变。

首先是院落使用性质的改变带来的院落营造模式的改变。由于丽江大研古镇、束河古镇等区域旅游业的开发，很多位于古镇的纳西院落被赋予了商业功能，许多临近主要街道的纳西院落为了经商的需求，不惜"破墙开店"，院落的一部分空间负责商业，另一部分空间维持原有的生活功能要求。这在形式上打破了传统纳西院落外立面仅屋檐下方开小窗的封闭性，但对于院落整体布局而言，依旧保持着对外封闭、对天开敞的原则。纳西人民对院落临街一侧的墙体进行开门开窗，为商业活动开辟室内区域。有的院落主人可直接通过临街店铺的后侧进入天井；有的则相对独立，院落主人需要离开临街店铺从门楼进入自家院落。这样的院落中除了长辈活动居多的正房区域，晚辈活动居多的厢房区域外，还增加了顾客活动的临街商业区域。顾客的活动流线并不会影响纳西院落中的活动，院落的私密性得以较好的保护（图2-35）。

此外，一些纳西院落受地块形状不规则的影响，院落平面布局会根据地块形状灵活处理；当地势存在高差变化时，建筑单体平面和空间也会结合地势进行合理灵活的处理；当地形临水时，院落平面往往会依水布置，院落外围紧贴水系，有时也会引水入院，让水系形成院落平面和空间的一部分（图2-36~图2-40）。

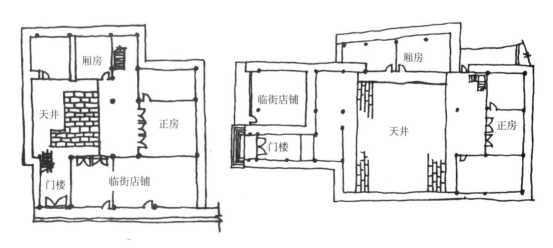

图2-35　大研古镇中临街为商业店铺的院落示意图

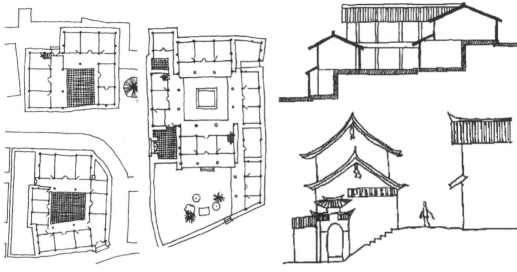

图2-36　灵活处理的平面布局　　　　　　　　　　　　图2-37　建筑与地形关系示意图

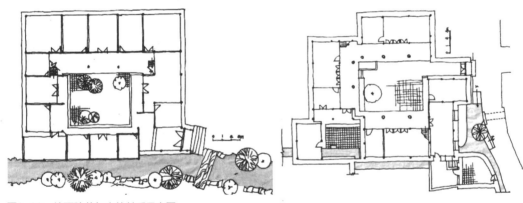

图2-38　纳西院落与水的关系示意图

图2-39　院落结合地形地势

图2-40　院落与水系

2.4　街巷空间组织

本节中街巷空间即象征院落与院落之间的空间，街巷空间营造也就是院落与院落之间空间的营造研究。关于街巷空间的定义，从狭义上讲，街巷空间是由街巷两旁的建筑或构筑物和地面共同围合形成的空间，可分为街道空间和巷道空间，其构成要素包含铺地、两侧的建筑立面、街道上的广告牌、景观小品等。从广义上讲，街巷空间包括街道、巷道、桥、河流、堤头、码头以及街道中空间形态发生变化、具有场所感的节点空间等（图2-41）。街巷空间是一个综合性的

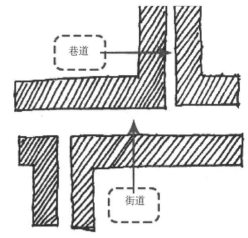

图2-41　街巷空间定义

空间场所，其空间中的活动是复杂的。同时街巷空间还具有连续性、可识别性、限定性等多种属性特征。街巷空间的产生并不是一蹴而就的，这需要一个较为漫长的演变过程和方方面面的影响因素，是历史的积淀过程。

2.4.1　大研古镇街巷空间组织

本节以大研古镇为研究对象，从街巷空间构成界面进行分析，其构成界面包括底界面、侧界面、顶界面及节点。底界面由地形、地面铺装等组成，是空间物质活动的承载面；侧界面是外部空间的围合界面，由众多建筑的对外界面拼合而成。顶界面包括建筑单体的屋架，街巷天际线，是街巷空间在立面上的体现。节点是街巷空间中变化多样、形式丰富的场所，是街巷空间中活力与趣味的集合体。

古镇由于年代久远、社会逐步发展，现已形成较为完善分级明确的街巷系统。以四方街为中心，由新华街、东大街、新义街、五一街、七一街等街道向外围发散，组成古镇的主要街道，这些街道除了交通性质外，现今更加发挥了步行街的作用，为街道两侧的商业店铺提供宣传场所；次要街巷如密士巷、振兴巷、文华巷、崇仁巷等，除了起与主要街道连接的作用外，还承担部分院落的生活性，随着古镇旅游因素的渗入，这些次要街巷空间的商业元素也逐渐增加。最后一种是连接次要街巷与院落的入宅巷道，这些巷道分布密集，如蛛网一般，使得院落通达性较高，巷道宽度窄，一般只可过人，不提供人们休闲活动的空间（图2-42）。

地形在街巷空间底界面中起到较大的决定性，其高低起伏变化会使街巷空间呈现出直线、曲折、蜿蜒、陡峭等不同效果。古镇中的主要街道基本处于地形较为平缓的区域，其街

巷空间给人以平缓柔和美。次要街巷分布较广，多为灵活自由的曲折形街巷，给人以活泼自然的动感美。在古镇较为偏僻的区域存在稍显陡峭的街巷，由于地势起伏不定导致街巷蜿蜒曲折，院落高低层叠，形成与前两种不同的街巷空间。由此可见，分级明确的街巷系统是充分考虑地形因素的结果，不同地形反过来也营造出了不同效果的街巷空间（图2-43）。

图2-42 丽江古城街巷空间及总体布局

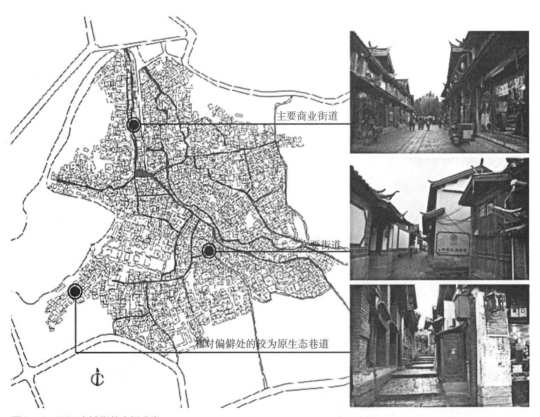

主要商业街道

次要街道

相对偏僻处的较为原生态巷道

图2-43 丽江古城街巷空间分类

　　古镇街巷的铺地材料就地取材，采用周边山脚下盛产的角砾岩，俗称"五花石"，多为长方形。古镇中主要与次要街巷基本都采用此种材料铺砌，铺砌方式或长边错缝铺砌，或较为整齐的砌于街巷中心形成指向明确的一段，在将其周围铺砌上形状不严整的五花石，共同形成完整的街巷。古镇中大部分五花石铺砌的街巷由于长时间踩踏，街巷表面十分光滑，五花石的天然纹理也得以显现。较为偏僻的入院巷道铺砌材料则没那么讲究，或许是破碎的五花石，或许是石块铺砌的不规则几何形，或许只是简单的夯土（图2-44）。

　　古镇中明确分级的街巷系统除了受地形影响外，水系的影响作用也十分大。比如主要街道中的七一街是沿中河形成的，新华街沿西河铺设，五一街则顺东河伸展（图2-45）。主要街道与主要水系的走向不谋而合，形成纳西街巷因水成街的特色。三条河流的众多分支遍布

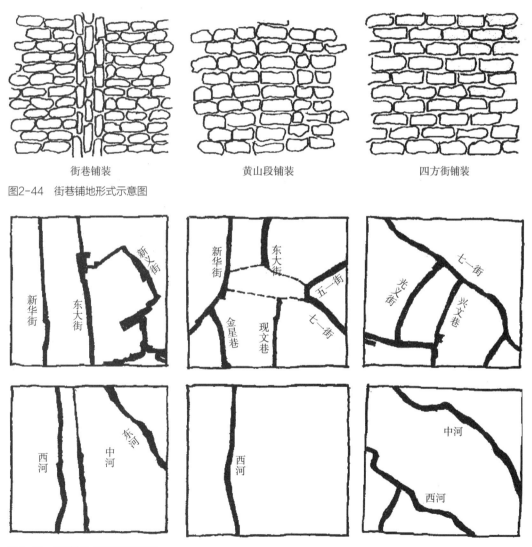

街巷铺装	黄山段铺装	四方街铺装

图2-44　街巷铺地形式示意图

图2-45　街巷与河流的重叠关系

古镇全域，主要街道的分支也如蛛网般密布于古镇，其中不乏有相互平行的水、街，也有相交后形成景观节点的，多样的碰撞才能生成丰富的街巷空间。古镇中放射状的街巷空间和自由形的水系，除了是对河流走向和地形起伏的顺应外，也是对纳西民族崇尚自由、开放的传统文化心态的体现。

水系与地形还会影响古镇街巷空间走向的变化，当街巷空间遇到水景节点时，街巷整体宽度虽然不变，但交通性区域减少，供行人停留活动的区域增大。当地形坡度过大，街巷为了适应地形缓解坡度，会形成类似盘山路的弯道，这时街巷空间的角度就发生了微小的变化。这样的走势变化在古镇中有许多样式，也成为街巷空间组织的一大特色（图2-46）。街巷与街巷相交形成的交叉口形式多种多样，以"丁"字形为主。街巷与院落相遇时，形成的院落入口空间可分为三种，其一是遵循风俗门楼旋转角度，其二是门楼向院内退让，其三是在入口前加照壁，以回避不好的景观。在调研过程中，发现前两种情况居多（图2-47）。

变位：
街巷宽度
变化；
弯道：
街巷角度
变化；

框景：
街巷借景
丰富空间；
漏斗：
街巷视野
效果变化

图2-46　街巷交叉口关系示意图

图2-47　院落入口与街巷关系示意图

　　纳西院落的围合要素形成街巷空间侧界面，一方面表现在建筑单体沿地形形成高低错落的连续街面，围合要素的形式有用作临街店铺的建筑单体、也有建筑单体山墙面、门楼、照壁等，样式的多样才能使街巷空间更为丰富（图2-48）。另一方面表现在建筑单体立面与院落整体呈现的虚实变化，使得街巷空间不至于封闭得过于压抑，也不会过于开敞（图2-49）。

　　屋架作为纳西街巷空间顶界面要素，呈现出两种形式，一种为"起山落脉"的横向弧线形式，另一种为山墙面的三角形屋架形式，两种形式的有机结合，使得顶界面不显得单调。再加上细节处有"悬鱼"的点缀，更多了一番乐趣。纳西街巷空间的天际线变化也十分丰富，略显平缓的屋脊或墙檐弧线加上三角形山墙面，形成高低起伏的天际线（图2-50）。

图2-48　街巷侧界面中围合要素形式举例

图2-49　纳西街巷空间连续街面立面示意

图2-50　纳西街巷空间天际线示意

除街巷的底界面、侧界面、顶界面因素外，广场、水系、绿化等因素也会影响街巷空间组织。古镇的中心点是古镇的广场，即四方街。四方街是人流聚集的地方，人们在此进行娱乐交流活动，也是疏散人流的地方，古镇中的人流通过四方街分散到古镇的其他区域。大研古镇与束河古镇的四方街更像是广场性质，而白沙古镇的四方街更像是一个变宽的街巷。四方街周边围绕着纳西院落，街上点缀着绿化植物，有时有水流经过，这一区域是古镇中较大的节点，为景观的营造、街巷的变化提供了更多可能性（图2-51）。

广场、水系对古镇街巷的影响除了表现在底界面方面外，还体现在水系景观营造方面。首先中河、东河、西河三条河流是古镇中最大、最基础的水景景观，其余所有水景都或多或少与其产生关联。当河流流经过程中出现水域面积较宽或在流经区域设置"三眼井"时，就形成水景景观节点，这些节点的出现丰富了古镇的景观系统也增加了人们观赏、活动的场所。水景景观中较为微小的部分就是院落中引进的水，它们在调节院落气候的同时，附带地丰富了古镇水系景观（图2-52）。

古镇中绿化的布置受到地形、水系、街巷、院落等多方面因素的影响。受地形、水系等自然因素影响较大的绿化呈线状，如沿水岸线分布的、沿有坡度的地形分布等，这些绿化种

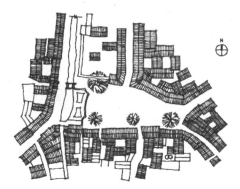

大研古镇四方街平面图

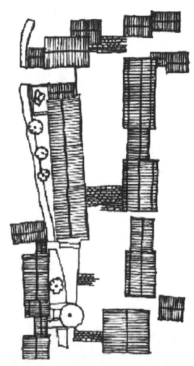

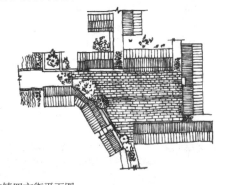

束河古镇四方街平面图　　　　　　　　白沙古镇四方街平面图

图2-51　各古镇四方街平面示意图

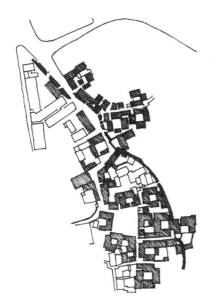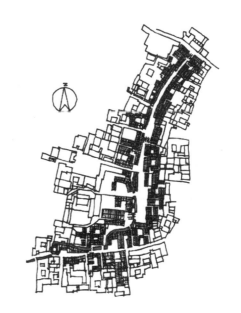

图2-52　纳西街巷空间与水系关系示意图

类以垂柳、月季等为主；受街巷因素影响较大的绿化呈点状与线状混合，如街巷交叉口、广场处会布置点状绿化，以缓和较大面积的空旷感，沿街巷走势布置的行道绿化又呈线状，可以强调街巷的指向性；受院落影响较大的绿化呈面状，院落外围的绿化反映纳西院落对环境的尊重，院落内部天井中的绿化折射了纳西人民对自然的憧憬，它们共同构成了古镇中的面状绿化。

定义了街巷空间后，什么样的街巷空间尺寸是宜人的，就是接下来要讨论的问题。人在观看周围事物时，眼睛会与之产生一定角度，不同角度的观看，给人带来的感觉也不同。在《外部空间设计》一书中，日本建筑师芦原义信对街巷宽度（D）与建筑高度（H）的关系进行深入研究，根据其提出的理论，D：H的比值不同引起人不同的感受："D：H<1，两幢建筑互相干扰，实现高度收束，有压抑感；D：H=1，产生内聚，安定但不压抑的感受；D：H=2，产生内聚向心的感受，而不至于排斥、离散；如果D：H值继续增大，相互间的影响就很薄弱，产生空旷、冷漠的感受，空间也失去了围合的封闭感。""这说明街巷不同的宽高比给人以不同空间感受。"（图2-53）。

根据上述理论观点，对大研古镇中几条不同尺度的街道进行研究，其中光义街、现文巷、中和街的宽高比分别为0.8、0.6、1.1，基本算是高度与宽度匀称，人体感觉比较舒适，虽然现文巷的比值较小，但由于纳西建筑单体立面上并不完全封闭，相对不会有强烈的压迫感。新华街的宽高比在2.1，由于水系流经的关系，街道宽度略大，再加上商业开发的原因，导致街道宽高比较大，但水系的缓和，使得它没有完全失去纳西街巷的空间感受（表2-1）。

图示	角度	人的视觉
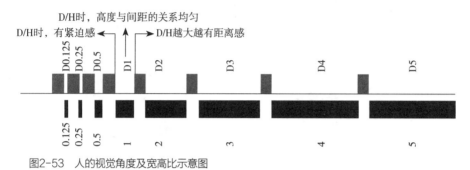	α =45°	观看建筑单体的极限角，这时人倾向于观看建筑细部，而不是建筑整体。
	α =27°	有很好的围合感，这时人可以较完整的中观察到围合建筑的整体里面构图以及它的细部。
	α =18°	人倾向于看建筑与周围物体的关系这时对空间围合感觉的最小角度。
	α =14°	人们就几乎感觉不到空间的闭合，远处的建筑里面只有边缘的作用。

D/H时，高度与间距的关系均匀

D/H时，有紧迫感 ←   → D/H越大越有距离感

D0.125 D0.25 D0.5 D1 D2 D3 D4 D5

0.125 0.25 0.5 1 2 3 4 5

图2-53　人的视觉角度及宽高比示意图

大研古镇几条街道断面及尺寸示意图　　　　表2-1

名称	宽D	高H	D/H	断面示意
光义街	4.0	5.2	0.8	5200　500 4000 200
中和街	2.8	2.4	1.1	2400　400 2800 200
现文巷	3.1	4.8	0.6	4800　200 3100 200
新华街	12.6	5.8	2.1	5800　4000　500 4000 3000 2500 400

通过上面的例子以及笔者调研的其他古镇街巷可以发现，除了几条主要商业街巷给人的感觉较为空旷外，大部分的街巷空间还保留着原有特色。我们无法单凭某一点就认定旅游开发或者社会发展给古镇带来的是威胁；因为一座城镇不可能让时间停止，仅仅依靠古建筑牛；只有依靠它不同时期展现的社会文化，才能得到更好的传承。

2.4.2　束河古镇街巷组织

在丽江坝子中，束河古镇是纳西先民最早的聚居地之一。其北侧为白沙古镇，距离约3公里，西北侧紧靠石莲山、聚宝山、龙泉山；青龙河、九鼎河、疏河三条溪流从村落中蜿蜒流经。束河古镇由于水系流经，将整个村落分为靠近山体部分和较平缓的平地部分。四方街几乎位于村落的中心，由四方街出发的四条主要街道分别连接西侧靠近山体的区域、村落北侧、南侧及东侧。主要街道在延伸至村落后出现分支，或有次要街巷与之连接，形成分布广泛且灵活多变的街巷空间。村落以靠近山体水体及四方街周边院落布局较多，呈现以四方街为中心的发散式生长模式。街巷、水系、院落的有机融合，为富有特色的村落布局形态和别致的村落景观奠定基础。

束河古镇的街巷构成要素中，底界面要素的地形算是对其影响最大的，这与古镇的选址有着密不可分的关系。古镇西北方向紧靠山体，由东到西呈现升高趋势，河流由北向南流经，这形成错落有致的建筑群。街巷空间从入口处开始直至接近山脚下，大部分街巷是相对平缓的。从山脚下向山腰延伸的区域，街巷是存在坡度的，过于陡峭的道路也很少见。地形相对平缓的区域一般为主要街巷，其尺度较宽，大约在3~5米不等；地势略微陡峭的区域，街巷尺度较小，有的仅有1米左右。较宽的主要街巷承载着束河古镇的大部分商业旅游功能，较窄的次级街巷则更多的反映着纳西人民较为原生态的生活氛围，它们共同组成了束河古镇丰富的街巷空间（图2-54、图2-55）。

对于底界面的铺地，简单分为三种，第一种是主要街巷空间的铺地，基本采用当地盛产的长方形五花石，有的采用错缝铺砌，有的则是在街道中心铺砌约1米左右的一条中心路，周围用石子或石块铺砌，这样既可增强街巷的指向性，也为街巷的铺地增添多种样式。第二种是次要街巷，这些街巷的铺地多为不规则石块随意拼接，或者长方形砖石顺缝、错缝拼接。最后一种则是地处较为偏僻的街巷，它们往往直接用夯实的土加上小碎石铺砌，没有前两种街巷那样精致（图2-56）。

为底界面带来更多意境的是水，古镇中主要的水系位于群山脚下，间接地将古镇分为两个区域。而水流与街巷的穿插，为院落与水流带来更亲密的接触。商业店铺的临街面、街巷中央的路面以及院落山墙下，经过水的点缀，多了几分柔美和静逸。束河古镇街巷的侧界面与顶界面与大研古镇街巷基本一致，不同点在于旅游因素的减少为纯粹的纳西街巷侧界面提供了更大的发挥空间，地形的坡度变化为蜿蜒的顶界面天际线提供更大的延展空间（图2-57）。

图2-54 束河古镇街巷空间及总体布局

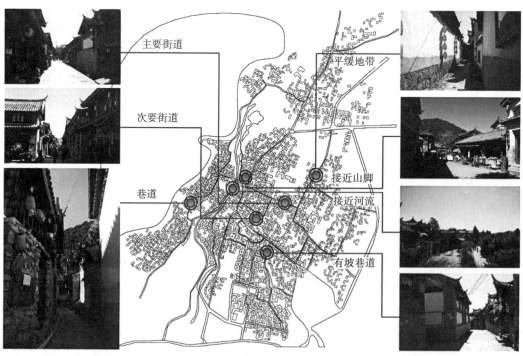

图2-55 束河古镇底界面地形要素示意图

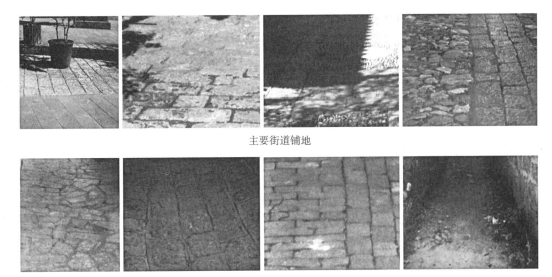

主要街道铺地

次要街道铺地　偏僻街道铺地

图2-56　束河古镇底界面铺地

临街商铺与水

院落山墙与水　水与商业穿插　水景节点　古城主要水流

顶界面　侧界面

图2-57　束河古镇其他界面构成要素示意图

异同点小结（表2-2）：

大研古镇与束河古镇街巷空间对比异同点总结表　　　　　表2-2

相同点	1. 古镇选址位置优越、海拔高度相近、气候舒适宜人。 2. 街巷空间的构成要素在诸多方面达到高度共识。 3. 古镇街巷形成受地形影响较大、铺地材料方式相似、街巷空间连续效果相同。
不同点	1. 水系的影响不同：大研古镇中水系呈现"树"状，分布广泛，水系系统与街巷空间融为一体；束河古镇水系从村落流经，少量水系引入街巷。 2. 院落风貌不同：大研古镇中较多院落受到旅游等因素影响，商业氛围较重。束河古镇中较多院落呈现原生态风貌。

2.4.3　白沙古镇街巷组织

大研古镇北侧10公里左右坐落着丽江土司的发源地，即白沙古镇。其北为玉龙雪山，西靠芝山，南止龙泉。白沙古镇自最初建立到明初一直是丽江地区繁华的中心村落，明代初期后由于家族迁徙，逐渐衰退。现今的白沙古镇是人们领略纳西建筑风格不可不去的古镇。古镇以四方街坐落的东西向街道为主要街道，将古镇分为上下两部分，这条主要街道一端位于村落东侧入口，另一端延伸至村落西侧边缘。次要街巷一端以主要街道为起点，另一端伸向村落边缘，呈南北走向，自由灵活的与主要街道相连，连接次要街巷与院落的街巷更加灵活、无规矩可循。古镇中院落沿主要街道与次要街巷空间布置，向古镇南北两侧呈发散状（图2-58）。

图2-58　白沙古镇街巷空间及总体布局

主要街道铺地

建筑与水　顶界面　侧界面

图2-59　白沙古镇街巷空间构成要素示意

　　白沙古镇街巷底界面在地形方面表现的与束河古镇十分相似，从古镇东侧的入口处向西呈现平缓的上升趋势，越靠近山体街巷空间的曲折感越明显。主要街巷坐落在较为平缓的地域，宽度约为3~5米不等。除了明显的主要街巷，其他街巷空间自由灵活，可能是因为旅游开发不强，街巷空间呈现的还是一种原生态的、根据地形院落自由挤压的状态。

　　底界面的铺地依旧延续大研古镇和束河古镇的铺砌方式，只不过街巷等级分类不明显，除了主要的街巷外，其余街巷都采用夯土。水系的作用在这里显得很小，有的街道旁有一条窄窄的水流蜿蜒而过，这为整个古镇增加了不少景观节点和人文情怀（图2-59）。

　　异同点小结（表2-3）：

大研古镇与白沙古镇街巷空间对比异同点总结表　　　　　　　　　　　表2-3

相同点	1. 古镇选址位置优越、海拔高度相近、气候舒宜人。 2. 街巷空间的构成要素在诸多方面达到高度共识。 3. 古镇街巷形成受地形影响较大、铺地材料方式相似、街巷空间连续效果相同。
不同点	1. 水系的影响不同：大研古镇中水系呈现"树"状，分布广泛，水系系统与街巷空间融为一体； 白沙古镇水系对街巷空间影响较小。 2. 院落风貌不同：大研古镇中较多院落受到旅游等因素影响，商业氛围较重。白沙古镇中较多院落呈现原生态风貌。

2.4.4 玉湖村街巷组织

除了上文归纳的三个纳西知名古镇街巷空间外，玉湖村作为纳西茶马古道上的重要村落，展示着其自身特有的街巷空间特色。玉湖村以北侧玉龙雪山、西侧玉柱擎天、东侧大玉湖、南侧入口围合的区域为村落主体。离入口处不远的四方街作为村落入口广场存在，从广场出发的南北向主要街道贯穿整个村落，连接东西两个景点的东西向主要街道与之相交，这一相交区域与四方街周边区域为院落布局较多的区域。主要街道采用玉湖村当地盛产的黄白色石块铺砌，宽度4~7米不等，街道高宽比大约为1：2。主要街道除了完成交通功能外，也承担举行仪式活动等功能（图2-60）。

与两条主要街道相连的次要街巷分布在院落较多的两个区域，四方街区域次要街巷多为东西向，景点区域次要街巷多为南北向，宽度2~4米不等。主要街道与次要街巷构成了玉湖村"鱼骨状"的街巷系统。再次级的巷道一般一端与次要街巷连接，另一端通向院落或田地。由于村落的形成发展具有自发性，形成的街巷空间平直的较少，多为适应田地地形蜿蜒变化的（图2-61）。

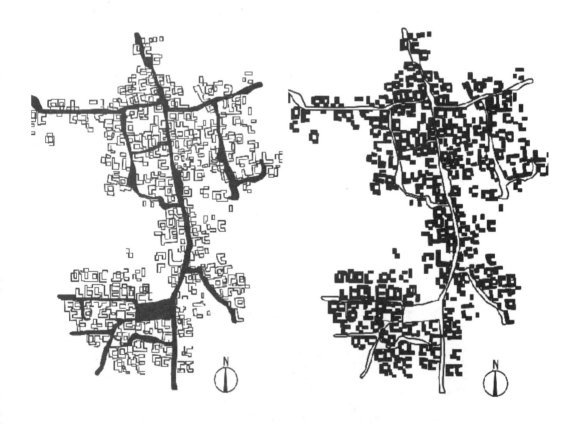

图2-60　玉湖村街巷空间及总体布局

主要街巷

鱼骨状的其他街巷

图2-61　玉湖村街巷空间构成要素示意

异同点小结（表2-4）：

大研古镇与玉湖村街巷空间对比异同点总结表　　　　　　　　　表2-4

相同点	1. 地理位置优越、海拔高度相近、气温温暖气候舒适宜人。 2. 街巷空间的构成要素在诸多方面达到高度共识。 3. 街巷形成受地形影响较大。
不同点	1. 水系的影响不同：大研古镇中水系呈现"树"状，分布广泛，水系系统与街巷空间融为一体；玉湖村水系对街巷空间影响小。 2. 院落风貌不同：大研古镇中较多院落受到旅游等因素影响，商业氛围较重。玉湖村中院落呈现原生态风貌。 3. 街巷铺地不同：大研古镇中采用方形五花石铺地材料；玉湖村采用黄白色石头铺砌。 4. 街巷空间效果不同：大研古镇的街巷空间呈现连续的界面效果；玉湖村的街巷空间由于院落间距不同，会出现"断裂"的界面效果。

第3章　纳西传统承重木构架营造

木构架是纳西传统木构架建筑中的主体承重结构，也是建筑中的最核心部分，木构架的营造做法直接影响着整个建筑的形态特征。本章先对丽江纳西木构架建筑的承重结构体系进行概述，再对承重木结构的营造过程：包括选材，构件加工，地基处理，房屋搭建等方面进行说明。

3.1　以木构架为主体的承重结构体系概述

中国传统木构建筑的一个重要特点是承重结构体系和围护体系分开，"墙倒而屋不塌"这一说法形象地描述了其结构的特点。木构建筑也是纳西民族普遍使用的民居类型，纳西传统民居单体建筑为木构架承重的房屋，其承重结构从下至上依次为基础、柱脚和木构架（图3-1~图3-3）。

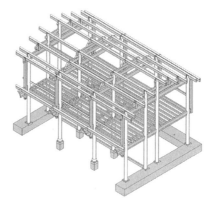

基础、柱脚、木构架

图3-1　承重结构体系

图3-2　承重结构实拍1

图3-3　承重结构实拍2

3.1.1 木构架形式

丽江纳西传统民居以"坊"为组合院落空间和平面的单元，三间组成一坊，多三坊或四坊形成一个院落。每坊房屋多为两层悬山式楼房，每坊木构架由四榀屋架和面阔方向构件组成。

屋架分为两组，即山架和中间架。山架是位于构架两端山墙处的两榀屋架，主体为穿斗式构架，当地也称为立人架式，因柱多而较费料，同时空间跨度小，故一般将其用于两端山墙处。穿斗式的紧密梁柱关系，保证了山墙的整体稳定性，提高了房屋的抗震性能。

中架是位于中间的两榀屋架，主体为抬梁式构架，抬梁式构架可使室内少柱或无柱，从而获得较大的空间。中架在构造上区别于山架，中架无中柱，它一般不用瓜柱，而用叠架数层的"珍珠"，故当地也称为"珍珠架"（图3-4~图3-8）。

纳西族建筑抬梁式结合穿斗式的构架形式综合了两者的优点，可在较好满足构架稳定性的同时获得较大的内部空间，材料使用也较少，因此在纳西民居中被广泛应用。

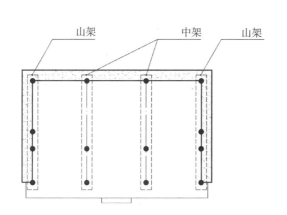

图3-4 山架和中架平面位置

图3-5 山架构架形式示意

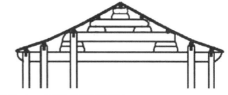

图3-6 中架构架形式示意

图3-7 山架照片

图3-8 中架照片

3.1.2 木构架类型

丽江纳西民居为了适应不同的建筑功能、开间进深以及厦子等方面的使用需求，而设计建造了不同的木构架类型。构架形式根据使用情况的不同而灵活变化，主要的构架类型可分为七类：平房，明楼，两步厦，闷楼，骑厦楼，蛮楼和两面厦，每种类型也有细节处理上的相应灵活变化。

（一）平房

平房类构架是纳西民居中最简单的构架类型。室内空间尺度，进深都不大，因此房间采光较好，室内较敞亮。在院落布局中多用在正房两侧的漏角区域内，一般作为辅助用房使用。在某些经济条件较差的城郊或乡村地区，会采用有厦子的平房作为一个厢房来组织院落。在结构上内部中架有三根柱子落地，没有腰檐分隔上下空间（图3-9~图3-11）。

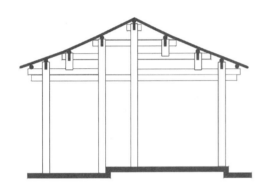

图3-9 平房剖面示意（山架）

图3-10 平房照片

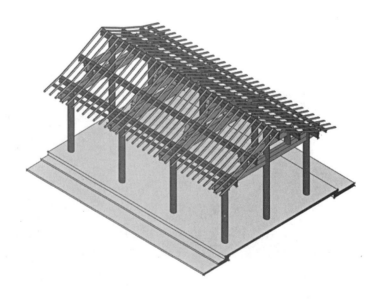

图3-11 平房木构架模型示意

（二）明楼

明楼类构架是二层式结构。室内空间尺度、进深也不大，且因体量较小，又称为"小楼"。明楼在院落布局中的作用与平房类似，但适用于规模较大、经济条件较好的院落组群内。明楼构架最大特点是无厦子空间，结构上内部中架有两个柱子落地，前后有四方柱，可在二层处加腰檐构件（图3-12~图3-14）。

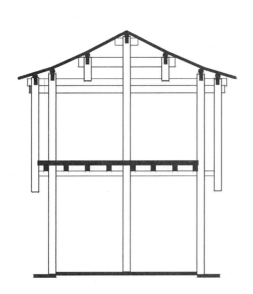

图3-12　明楼剖面示意（山架）

图3-13　明楼照片

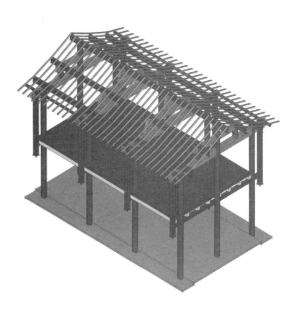

图3-14　明楼木构架示意模型

（三）两步厦

在现存的传统民居中，两步厦是建造年代较早的建筑类型。它与明楼很类似，但多了厦子空间，且此厦子顶上没有二层房间，厦子结构完全与楼层空间脱离，特别强调厦子空间，坚固性较差，在院落布局中可当正房使用。结构上内部中架有两根柱子落地，后有四方柱（图3-15~图3-17）。

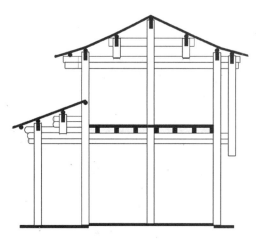

图3-15　两步厦剖面示意（山架）

图3-16　两步厦照片

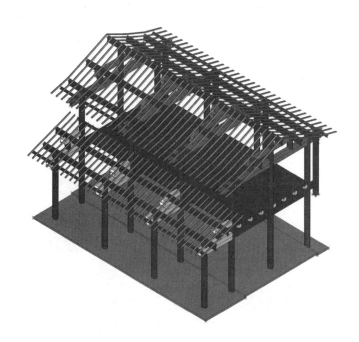

图3-17　两步厦木构架示意模型

（四）闷楼

闷楼类房屋高度不高，尺度不适宜居住。在院落布局中布置在厢房的位置，但用作牲畜圈，一层用来圈养牲畜，二层用来储存牲畜的粮食和杂物。结构上内部中架有三根柱子落地，但二层因其内部功能空间划分需要时，可直接从梁上起柱（图3-18~图3-20）。

图3-18 闷楼剖面示意（山架）

图3-19 闷楼照片

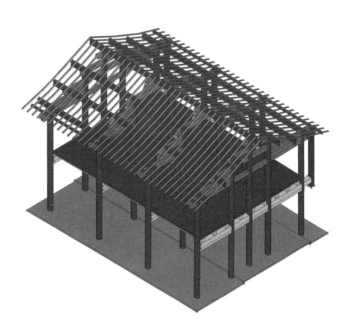

图3-20 闷楼木构架示意模型

（五）骑厦楼

骑厦楼是现今纳西民居中广泛应用的一种建筑类型，此种构架构造上介于"两步厦构架"与"蛮楼类构架"之间，其厦子的一半在隔层下，特点是比蛮楼明亮，相比两步厦的二层多了走廊的空间，楼上空间利用率相对较好。骑厦楼的进深较大，在空间利用和稳定坚固性上都具有较大的优势。在院落布局中处于正房的位置。结构上内部中架有三根柱子落地，前后均有四方柱（图3-21~图3-23）。

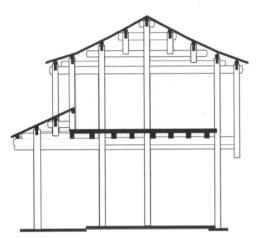

图3-21　骑厦楼剖面示意（山架）

图3-22　骑厦楼照片

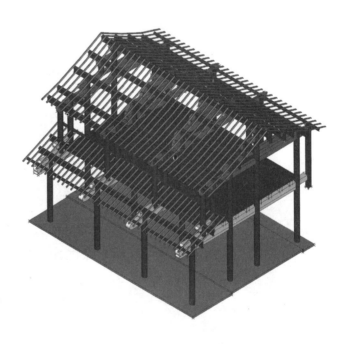

图3-23　骑厦楼木构架示意模型

（六）蛮楼

蛮楼丽江古城及其周边村镇中很常见。根据笔者的走访调研，现丽江新建的纳西传统木构架楼房多为蛮楼。

蛮楼的厦子空间与二层是对应的，全在楼隔层下，腰檐挑檐深远。在院落布局中可布置在正房和厢房的位置，农村二层多堆放草料或是粮食。蛮楼的开间进深较大，且朝院内一侧的底层和楼层都带有宽大的檐廊空间，比较能满足现代的居住需求，因此受到当今纳西人民的喜爱。蛮楼在构架形式上较接近于明楼，但蛮楼每榀屋架比明楼多了一根落地的京柱，将楼房内部空间划分为室内空间和檐廊空间；而明楼只有室内空间。常规蛮楼有吊厦和不吊厦之分（图3-24~图3-26）。

图3-24　不吊厦蛮楼剖面示意（山架）

图3-25　吊厦蛮楼照片

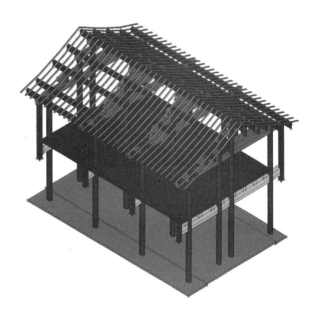

图3-26　不吊厦蛮楼木构架示意模型

（七）两面厦

两面厦的前后两面都有厦子空间，一般用在规模较大的多进多套庭院中，可灵活地作为连接两个院落间的花厅或过厅房屋使用。结构上内部中架有四根柱落地（图3-27~图3-29）。

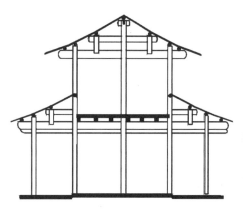

图3-27 两面厦剖面示意（山架）

图3-28 两面厦照片

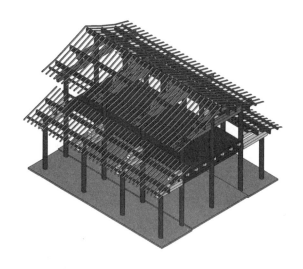

图3-29 两面厦木构架示意模型

3.1.3 建筑功能与木构架类型

传统民居和现代住宅从功能上来说是基本类似的，主要是分为公共区、家庭私密区和生活辅助区。而在丽江纳西民居中不仅包括这些功能，还多了生产区和庭院的公共活动区。公共区主要包括起居会客间；家庭私密区包括卧室、书房、堂屋；生活辅助区就包括厨房、储藏室等。在纳西族民居中最完整的四合五天井中，基本元素包括一个正房、两个厢房、正房对面的下房以及正房两侧漏角区内的小房。每个单体建筑都有自己负担的职能，有些职能还会有交叉。同样每栋单体建筑又有着不同的木构架形式，根据房屋功能的不同选择合适的构架类型，选择非常灵活不固定。

正房是整套体系中最重要的部分，等级规模也较高，因此选择两层的构架类型。纳西民居中一般每坊都是三开间，正房多为坐北朝南或坐西朝东向。在纳西族的风俗习惯中也有按照辈分次序的等级观念，地位较高的正房主要供家中的长辈居住，在底层正中的明间是堂屋，开间较大供起居、待客之用；两侧的房间则是长辈的卧室。二层的明间会摆放祖先的壁龛，用来祭祀祖先，一般不住人。根据此坊的特点，在选择构架类型中多选择空间尺度较大、高度较高的构架类型，如骑厦楼、两步厦、蛮楼。

东西厢房主要是晚辈或其他人用作卧室、书房。在农村中兼顾生产的需要，一侧厢房也可是牲畜房。纳西民居中每坊的二层空间利用都较为灵活，在农村二层一般都不住人，主要用于草料、粮食等农资设备的存放；在人口较多，房间不够的情况下也可以用于居住。而在城镇中，二层多用于居住。因此厢房的构架类型选择性较多，如两步厦、闷楼、蛮楼、大平房等。

下房及正房两侧的漏角区内的小房主要都是起到辅助性的作用，可以是厨房、杂物房、饲养房等。这些房间尺度高度都较小，形式不用很丰富，选择的构架类型可以是平房、明楼。

3.1.4　建筑空间与木构架类型

厦子是纳西民居中特有的空间要素，是建筑用来联系和营造其内外空间环境的重要手段，也是人与自然联系的中介。正房一定设有厦子，厢房和倒座会根据功能和需求设置。厦子属于半室外空间，也就是建筑中的"灰空间"。因为丽江温暖宜人的气候特征和纳西人喜爱户外活动的性格特点，它被赋予了多种功能，例如接待客人、休闲娱乐、操作副业等。由于具有一定的功能性，因此厦子以能放一餐桌为最小宽度，一般宽1.5~3米。宽大的厦子占据了一定的进深，因此房间进深则相对较小，一般在3至4米左右，大的可在4米以上。

鉴于厦子空间在纳西族人生活中的重要作用，在建筑设计中也为建造厦子而衍生出多种木构架类型，丰富了建筑空间形式。对于七种构架类型与厦子间的关系主要可以分为4类。

（1）主体建筑结构中无厦子：明楼

明楼构架的主体结构是典型的五架两桁（即五根檩条，外加前后两根支承挑檐的叫做"子桁"的附加檩条），其进深就是一个建筑中可利用的室内主体空间，外部没有厦子。

（2）主体建筑结构中有厦子：平房、蛮楼、闷楼

这三种类型的主体结构中包含厦子空间。结构上是七架两桁，大面积的厦子空间是借由

一层的室内空间，用一个进深的尺度。因此室内较暗，采光不好（图3-30）。

（3）主体建筑结构与厦子分开：两步厦、两面厦

这两类是明楼与厦子结构相结合的形式，两者间独立分开，各成体系。这可以保证主体结构的室内空间进深不受影响，室内空间更灵活（图3-31）。

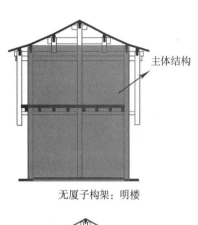

无厦子构架：明楼

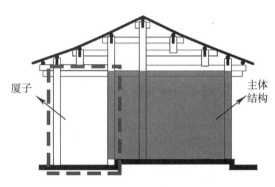

有厦子的类型：平房

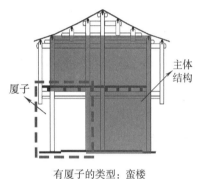

有厦子的类型：蛮楼

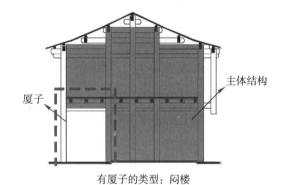

有厦子的类型：闷楼

图3-30　主体结构中无厦子和有厦子的类型

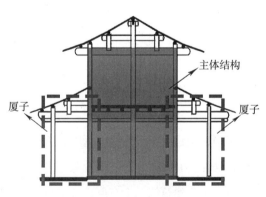

一侧有厦子的类型：两步厦　　　　　　两侧有厦子的类型：两面厦

图3-31　主体建筑结构与厦子分开的类型

（4）主体建筑结构中部分包含厦子：骑厦楼

骑厦楼是介于二、三类之间的形式，其厦子的一半属于主休结构内，在二层制造出走廊的空间，空间利用率高，形式更加稳固（图3-32）。

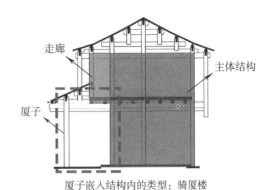

厦子嵌入结构内的类型：骑厦楼

图3-32　主体建筑结构中部分包含厦子的类型

3.1.5　构架尺度

木构架的面阔与进深尺度根据房间的大小来定。面阔方向常规尺度为：明间堂屋一丈，一丈一，一丈二尺，次间九尺。模数为一尺。进深方向：厦子深度为四尺到七尺，模数为5寸。房间进深为一丈到1丈3尺，模数为5寸。现木材加工好的方料长度多为4米，受此影响，纳西新建房屋构架的明间一般不超过4米。由于悬山出际1米左右的距离，次间开间一般为3米。

构架的高度随房屋层高而定，底层高度从京柱根部算到楼板上口，楼层高度从楼板上口算至第一根檩条（不是子桁）下口。常用尺度为上65下75（即楼层6.5尺、底层7.5尺，或简称"65、75"）；上7下8，75、85；上8下9等，模数亦为五寸[①]。由于现经济条件和生活水平的改善，居民需要房屋有更大的生活空间，根据笔者的走访调研，丽江地区现新建纳西传统木构架房屋以上8下9居多。

构架规模根据前檐柱到后檐柱之间的檩条数区分，有五架两桁（即5根檩条，前后另加两根支撑挑檐的叫做子桁的附加檩条），七架两桁，九架两桁。檩间距一般均等，匠师的经验做法为相邻两架间的水平投影宽度以1米左右为佳，过长满足不了结构性能，过短则浪费材料。前后子桁挑出距离0.6米左右。

构架的尺度决定着屋面的坡度，屋面坡度一般情况下控制在介于四分水和五分水与之间（坡比1/2.5到1/2），腰檐处屋面与上层屋面平行。

此外，构架两榀山架有"收侧脚"的传统营造方式，即山架以1%的斜度向内微微倾斜，（俗称"见尺收分"）使构架在面阔方向从下往上微微收窄，进而增强了在整个构架的稳定性。

3.2　承重木结构建造过程

3.2.1　打基础

修建纳西传统木构架建筑需要在制作木构架之前打好地基、做好墙下基础。由于纳西

---

① 朱良文. 丽江古城与纳西族民居[M]. 昆明：云南科学技术出版社，2005.

建筑的前檐墙均为木门窗等轻质隔断，所以基础只作两面山墙、后檐墙三面墙基。未做墙基一面，在中架前檐柱和中架京柱柱位处需要单独做柱基础。

砌筑地基前需先挖好基槽，基槽的深度根据地基土质而定，土质松可深挖，土质硬可浅挖，土质良好的地方一般深2~3尺。挖好基坑后用毛石砌筑基础，基础有收分，下宽上窄，底部一般宽3尺左右，上部为墙宽，高出地面作为勒脚。砌筑基础时需钉木桩沿基槽内壁拉好水平定位线，再依线层层砌筑基础石块，每铺一层石料，用水泥砂浆灌入石缝连接石块，水泥砂浆普及前用泥浆进行粘结。铺到最上层时，需在墙基柱位处留出柱顶石的位置（图3-33、图3-34）。

房屋位于墙基处的柱子立于基础内侧，在墙基内侧的柱位处需设柱顶石作为柱脚，柱顶石为根据柱子直径加工而成的平整的四方石块；单独柱基础上同样也需设柱脚。柱子与柱顶石之间不做连接节点，柱子直接立在柱顶石之上。此外，位于房屋厦子处的柱子（如中架前檐柱、中架京柱），其柱底与柱顶石之间还会另设柱础，柱础多雕有各种形式的图案加以装饰（图3-35）。

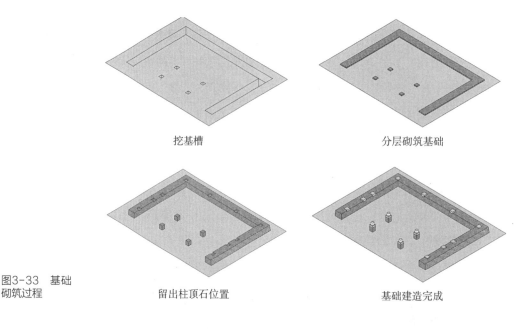

挖基槽   分层砌筑基础

图3-33 基础
砌筑过程

留出柱顶石位置   基础建造完成

毛石基础   水泥砂浆砌筑   单独基础

图3-34 基础施工实拍

柱底不设柱础　　　　　　　　　　　　　　柱底设柱础

图3-35　柱子与柱脚节点实拍

3.2.2　木材选取与木料加工

木材是丽江纳西传统木构架建筑最主要的材料，丽江当地森林资源较丰富，主要使用本地松木和杉木作为木构架的材料，其中松木是使用最多的木料。当地常用的松木种类有青松、白松、红松等。其中，青松被认为是松木中最好的材料，因其较笔直修长利于加工，且富含油脂利于防虫、防腐而受到纳西匠师的喜爱，其主要用于制作关键部位的木构件，如柱子、大过梁等。此外，老一辈纳西族居民甚至认为青松有长寿、吉祥的意义，因此希望自家房屋中最好有至少一根用青松制作的柱子。当地匠师认为11月~2月期间砍伐的木材较好，因为这个时候的木材硬度较大，结构性能佳，但是与此同时木材的去皮过程相对困难。

木材的来源在以前主要是来自于当地山林的就地取材，由于年长粗大的树木日渐稀少，当地的自然森林受到了严格的保护和监管，政府明令禁止私人砍伐天然森林。现在丽江新建纳西传统木构架房屋的木材来源主要是通过木料加工厂购买，而木料加工厂的木材大多来自于对外的采购。

3.2.3　木料加工

笔者通过在丽江的大量走访调研了解到现丽江新建纳西传统木构架建筑所用的木料的加工一般由当地工匠自行加工，有的在丽江当地大小的木材加工厂进行。木材加工厂雇用经验丰富的纳西掌墨师傅和熟练匠师，根据买家对房屋的需求以及提供的已打好地基的尺寸，在厂里完成木构架的设计、木料的加工以及各个构件的制作，最后在房屋现场进行斗架组装。

木料的加工分为，圆料加工和方料加工：

（1）圆料加工

圆料主要用来作为加工柱子和檩条的材料，其中作为柱子的圆料加工最为耗时。首先需要最有经验的掌墨师傅为不同位置的柱子选择合适粗细长短的木头，然后需要匠师们进行去皮和平木的工序。去皮和平木工序有利于木料的防虫和美观，也便于加工和画线。由于每颗用作柱子的圆料加工需要根据每根木材的不同情况进行灵活处理，此过程使用纳西特有的工具"初吉"和刨子或电刨进行去皮和平木工序，而不能像方料加工那样直接通过机床进行，所以整个过程相对耗时，且需要有经验的匠帅才能熟练操作。去皮时，需先使用"初吉"进行粗加工，"初吉"刃口与木柄垂直，使用时需两手握柄，沿合适的角度从两个方向砍去树皮以免起坑；粗加工完成后再使用刨子进行细加工，使圆料表面光滑（图3-36、图3-37）。

（2）方料加工

木构架中的大部分构件为方料加工而成。由于各种现代工具的普及，电切割机、打磨机床、电刨等现代工具在工作效率和加工效果上都超过了传统的加工工具，所以逐渐代替了以前用锯子、锛、刨等传统工具加工木料的方式。方料加工首先需要将木头去皮，初步加工成四方的木料，再对每面进行细加工，保证四面平整且相互垂直（图3-38、图3-39）。

图3-36 初吉

图3-37 圆料去皮

图3-38 机床切割方料

图3-39 机床加工方料

3.2.4　构件加工

木料加工完成后进行每个构件的加工步骤；构件加工分为墨线绘制和榫卯制作。

（1）墨线绘制

每个构件的墨线绘制都由掌墨师傅负责，绘制工具为套榫板，墨斗，角尺和卷尺等。掌墨师傅经验十分丰富，绘制墨线前根据房主需求，只需随手简单画出构架的基本形式和尺寸，即可完成整个木构架的设计，并对每个构件的尺寸、构造关系都了然于胸。然后确定好制作每个构件的木料，在每根木料上写上名称，表示清楚该木料对应的位置，以便进一步的加工。

绘制墨线时，首先需要在每个木料上弹画好中线作为定位的轴线，后续尺寸，榫卯的绘制均以这些轴线作为基准。绘制柱料的中线时，先在柱料两端画出十字墨线。画线时先固定好柱料，用铅垂掉线画出柱头端的垂线，再用角尺量出中点画出水平的墨线，即完成一端的十字墨线；用同样的方法在柱底端画出十字墨线，两端十字中线平行且对应。接着再由两位匠师相互配合，对应柱料两头十字墨线的各点在柱身弹出四根墨线。绘制方料的中线时，和柱子类似，需在端头两面画出十字中线，再根据十字中线弹出方料上下两面的中线（图3-40~图3-42）。

图3-40　套榫板

完成中线绘制后，先进行柱子的墨线绘制，柱身上要清楚准确地绘制出层高线和与它连接的水平构件的榫卯位置、尺寸和类型以便后续的构件加工。柱子的墨线绘制是十分关键的步骤，它直接表示了房屋的高度，水平构件的高度和榫卯的尺寸和类型。

图3-41　墨斗和角尺

柱子墨线绘制完毕并加工好各个卯口后，才能进行方料构件的墨线绘制。因为每根柱子的形体不是规则的，每个位置的尺寸不一，加工卯口的时候会做相应的灵活处理，所以各个卯口的尺寸也根据柱子自身情况的不同而有细微差别。所以其余水平构件的墨线要根据柱子上所对应卯口加工后的尺

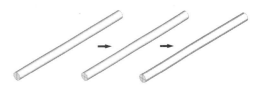

图3-42　柱料中线绘制过程

绘制柱料十字墨线

绘制水平构件墨线

图3-43 墨线绘制实拍

卯口制作

榫头加工

图3-44 榫卯制作

寸进行绘制，才能使水平构件与柱子能做到严丝合缝地连接，这对匠师的技术和经验有很高的要求（图3-43）。

（2）榫卯制作

掌墨师傅绘制完构件墨线后，就由助手按照墨线进行构件榫卯的制作。纳西传统匠师制作榫卯的主要工具为锯子、斧头和各种宽度的凿子。锯子用来截断木料多余长度以及榫卯的粗加工，现结合电锯的使用，制作效率和以前相比大大提高。凿子用来加工卯口和较精细的榫头如二蹬榫，使用凿子时需配合斧子的敲击进行加工，将卯口和榫头加工得平整而准确。榫卯的制作过程需十分严谨，以保证构件扣榫严丝合缝，扣榫松则节点结构性能差，过紧则安装时难以入榫，易使构件开裂。榫卯制作的好坏直接影响着榫卯节点的结构性能和整体构架的稳定性，这需要纳西匠师长时间工作积累的丰富经验和娴熟的操作技术（图3-44）。

3.2.5 斗架与竖屋

所有构件加工完成后，就进行斗架和竖屋的步骤。斗架和竖屋都在盖屋现场进行，这需要大量的人手。匠师和工人在掌墨师傅的指挥下用木槌等工具在地面上安装好每一榀屋架的主要构件后，再使用吊车和工人配合竖起屋架，并安装连接各榀屋架的面阔方向构件。在一些交通不便或偏远的地方如今依然全部用人力进行竖屋，较为费时。

首先是斗架的过程，先安装的是截面较大、安装难度高的带二蹬榫卯的构件。以山架为例，将该榀屋架的各柱子在地面上放在对应的位置后，首先安装的是山大叉和山承重这样的重要构件，再用木槌打入上下穿枋，将屋架的柱子连接起来。安好这几个关键构件后，每榀屋架的基本框架就大致形成，再根据不同位置的搭接关系安装每榀屋架的剩余构件。整个斗架的过程需要在经验丰富的匠师指挥下进行，避免安装顺序和构件位置的错误，因构件加工误差而安装困难的部位还需现场进行处理。

竖屋时，最先竖起的是一边的山架，在吊车或人工的搬运下，将屋架的柱底挪至地基对应的位置后通过木杆，绳子等进行固定；再用同样的方式竖起紧邻的中架，竖好并固定后，立即安装好这两榀屋架间的照面、挂枋、地脚等面阔方向主要构件，将这两榀屋架连接起来。依次安装好每榀屋架和面阔方向的连接构件后，匠师们爬上屋顶安装檩条，最后再用铅锤检查柱子是否垂直，进而对柱位进行略微调整，使整个构架能竖直而稳固地立在地基之上，然后逐步钉装椽条，封檐板，博风板和悬鱼等其余木构件。此时整个房屋承重木构架的营造流程基本结束（图3-45）。

安装大叉　　　　　　　　　　打入穿枋　　　　　　　　　　竖第一榀山架

固定屋架　　　　　　　　竖中架并安装面阔构件　　　　　　依次竖其余屋架

安装檩条　　　　　　　　　安装屋面木构件　　　　　　　　确定柱位

图3-45　斗架与竖屋过程实拍

第4章　木构架构件组合分析

纳西族建筑在分类研究的基础上分为7类，在之前章节中已对7种建筑类型的木构架形式和外观形象进行了初步的介绍。而在这7大类木构架形式的基础上，每类构架中的局部构件做法存在区别。本章通过空间建模的方式，借助三维模型图的示意，梳理木构架各类型间基本构件的变化，来研究纳西建筑木构架组合分析的方法。

4.1　平房类构架

平房类构架是纳西民居中最基本、最原始的构架类型，因为技术、经济、思想等各方面的限制，最初的五架二桁式木架建筑即现在的小平房室内空间尺度，进深都不大，正因为通透无其他构件的遮挡，因此房间采光较好、室内较敞亮。随着技术、经济等的发展，在小平房的基础上一面增加厦子成了有厦平房、前后两面都加则是大平房（表4-1）。

平房类构架类型　　　　　　　　　　　　　　　　　表4-1

类型	山架	中架
小平房		
文字说明	小平房没有厦子	

类型	山架	中架
有厦平房	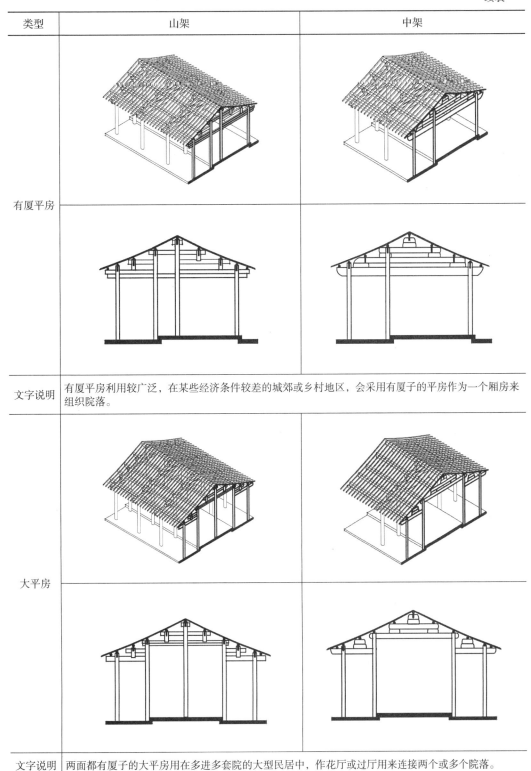	
文字说明	有厦平房利用较广泛，在某些经济条件较差的城郊或乡村地区，会采用有厦子的平房作为一个厢房来组织院落。	
大平房		
文字说明	两面都有厦子的大平房用在多进多套院的大型民居中，作花厅或过厅用来连接两个或多个院落。	

4.2 明楼类构架

明楼类构架相较于平房类增加了层数，在竖向空间中分出了层次。但基本的形式还是从平房演变而来，但为了丰富上下层次和方便后檐墙檐部装板和开窗的需要，在屋架前后增加了前后四方柱，这也是二层木构架类型区别于一层类型的地方。

明楼类构架又可分为小明楼、明楼吊厦、明楼骑厦以及明楼挂厦。这4种类型的区别在于腰檐位置构架的变化（表4-2）。

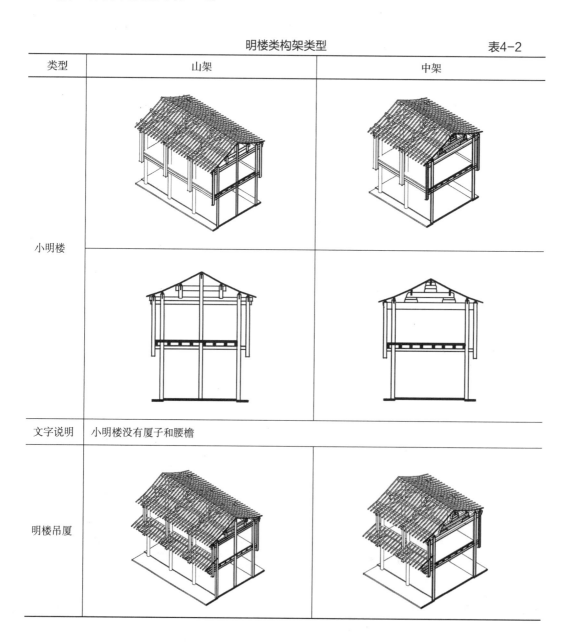

明楼类构架类型　　　　　　　　　　表4-2

类型	山架	中架
小明楼		
文字说明	小明楼没有厦子和腰檐	
明楼吊厦		

续表

类型	山架	中架
明楼吊厦	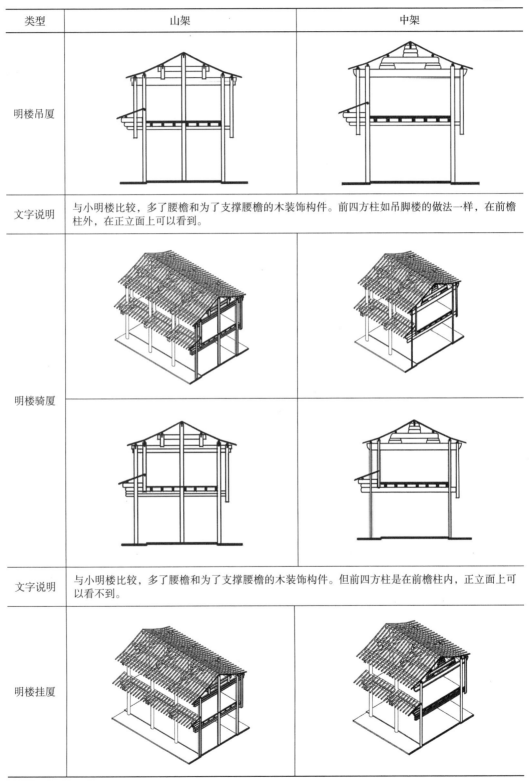	
文字说明	与小明楼比较，多了腰檐和为了支撑腰檐的木装饰构件。前四方柱如吊脚楼的做法一样，在前檐柱外，在正立面上可以看到。	
明楼骑厦		
文字说明	与小明楼比较，多了腰檐和为了支撑腰檐的木装饰构件。但前四方柱是在前檐柱内，正立面上可以看不到。	
明楼挂厦		

续表

类型	山架	中架
明楼挂厦	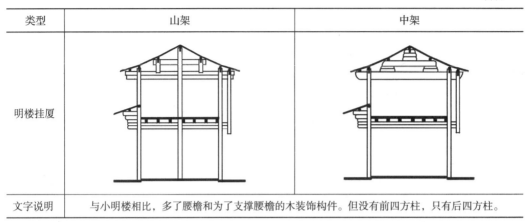	
文字说明	与小明楼相比，多了腰檐和为了支撑腰檐的木装饰构件。但没有前四方柱，只有后四方柱。	

4.3　两步厦类构架

作为建造年代较早的建筑类型，两步厦与明楼很类似，但多了厦子空间，且此厦子顶上没有二层房间，厦子结构完全与楼层空间脱离，特别强调厦子空间，坚固性较差。在纳西语中"两步厦"也可称为"两节楼"，意思是在平房顶上再加一层，房屋变成楼房（表4-3）。

两步厦类构架类型　　　　　　　　　　　　　　　表4-3

类型	山架	中架
两步厦	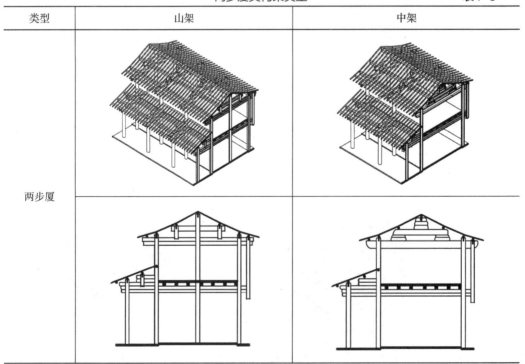	

4.4　闷楼类构架

闷楼可分为闷楼大辟、闷楼走京、蛮闷楼三种构架形式。这三种形式一二层间都没有腰檐，楼层高度较矮，不适宜居住。三者的区别在于**垂直**构件柱子的分布位置和二层楼板划分空间的变化（表4-4）。

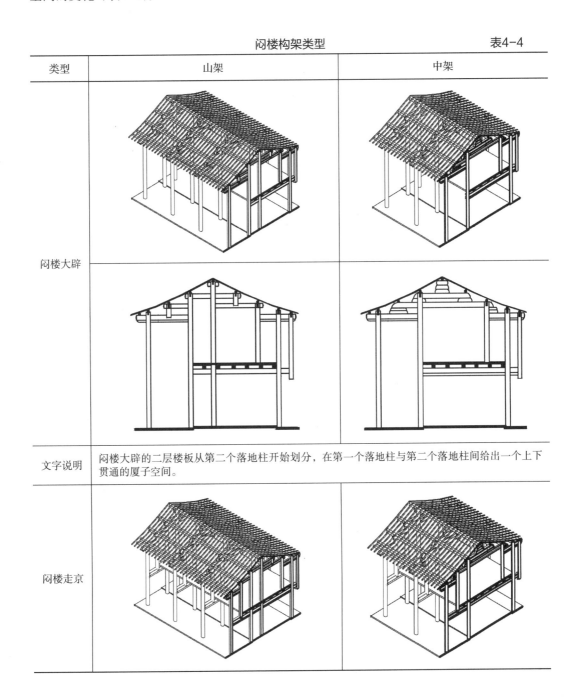

类型	山架	中架
闷楼大辟		
文字说明	闷楼大辟的二层楼板从第二个落地柱开始划分，在第一个落地柱与第二个落地柱间给出一个上下贯通的厦子空间。	
闷楼走京		

闷楼构架类型　　　　　　　　　　　　　　　表4-4

类型	山架	中架
闷楼走京	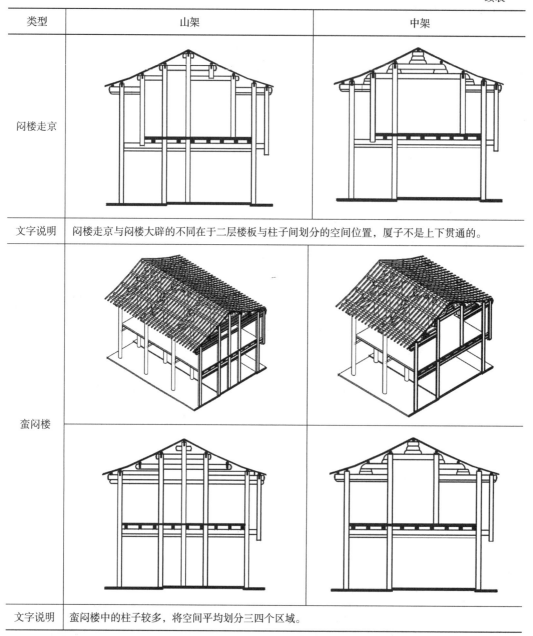	
文字说明	闷楼走京与闷楼大辟的不同在于二层楼板与柱子间划分的空间位置，厦子不是上下贯通的。	
蛮闷楼		
文字说明	蛮闷楼中的柱子较多，将空间平均划分三四个区域。	

4.5 蛮楼类构架

蛮楼类构架的分类与明楼类的类似，都是通过腰檐位置构架的变化而分为冲天蛮楼、骑厦蛮楼、吊厦蛮楼以及挂厦蛮楼。但蛮楼类建筑比明楼的规模大，开间进深的尺度较大，因此木构件数量上也会有增加（表4-5）。

蛮楼类构架类型 　　　　　　　　　　　　　表4-5

类型	山架	中架
冲天蛮楼		
文字说明	冲天蛮楼没有腰檐	
骑厦蛮楼		
文字说明	与冲天蛮楼比较，多了腰檐和为了支撑腰檐的木装饰构件。但前四方柱是在前檐柱内，正立面上可以看不到。	

续表

类型	山架	中架
吊厦蛮楼		
文字说明	与冲天蛮楼比较，多了腰檐和为了支撑腰檐的木装饰构件。前四方柱如吊脚楼的做法一样，在前檐柱外，在正立面上可以看到。	
挂厦蛮楼		
文字说明	与冲天蛮楼比较，多了腰檐和为了支撑腰檐的木装饰构件。但没有前四方柱，只有后四方柱。	

4.6　骑厦楼类构架

骑厦楼是现今纳西民居中广泛应用的一种建筑类型，此种构架构造上介于"两步厦构架"与"蛮楼类构架"之间，其厦子的一半在隔层下，特点是比蛮楼明亮，相比两步厦的二层多了走廊的空间，楼上空间利用率更好。在空间利用和稳定坚固性上都具有较大的优势（表4-6）。

骑厦楼类构架类型　　　　　　　　　　　　　　　表4-6

类型	山架	中架
骑厦楼	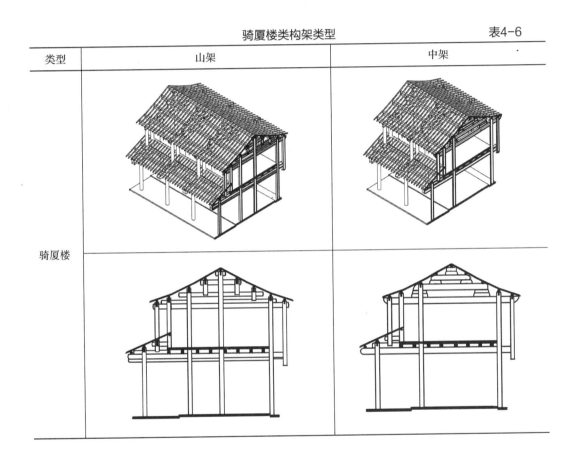	

4.7　两面厦类构架

两面厦是由前面几种类型中抽取其中的局部构件组合构成的，因此有好多种分类，叫法也有很多。在两面厦的基础上将另一面也加上厦子的叫两面辟；一面是骑厦楼型、另一面是吊厦构件的叫一面骑一面吊；一面是两步厦、一面是吊厦构件的叫一面辟一面吊。两面厦的功能同大平房类似，在多重院落中作为花厅或过厅使用，用来连接两个院落，并使各坊房屋的造型保持一致（表4-7）。

两面厦类构架类型

表4-7

类型	山架	中架
两面辟		
文字说明	在小明楼前后两个方向上都加厦子，相交两步厦多了一个厦子结构。	
一面骑一面吊		
文字说明	一面是骑厦楼型、另一面是吊厦构件	

续表

类型	山架	中架
一面辟 一面吊	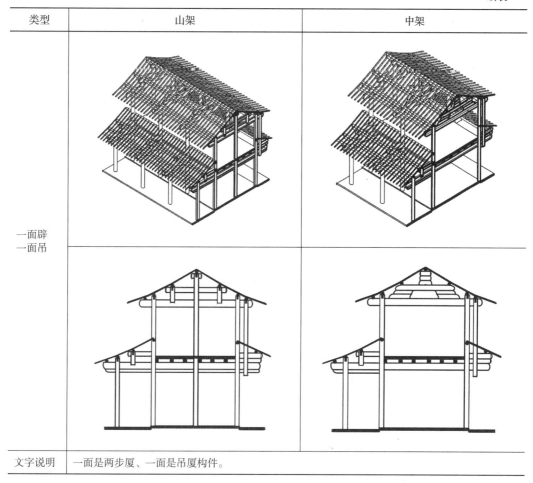	
文字说明	一面是两步厦、一面是吊厦构件。	

4.8　纳西传统木构架体系的规律性和灵活性

4.8.1　纳西传统木构架的规律性

通过将纳西传统木构架分类别做模型细化研究比较，可发现纳西传统木构架虽然种类繁多，但其中是有一定规律性可循的：即都是从一个最简单基础的构架形式，通过增加水平、垂直、斜向构件的方式进行变形发展的。这些构件的数量、尺度会根据房屋功能、空间大小、高度进深的不同进行变化增减。

纳西木构架建筑中最基本的单元就是小平房山架中的立人架，在此基础上设计发展了四个基本模块，分别是厦子、吊厦、骑厦、挂厦。每种建筑类型都是这些基本构件排列组合而成的，这也是纳西建筑木构架中的一个规律性特点（图4-1）。

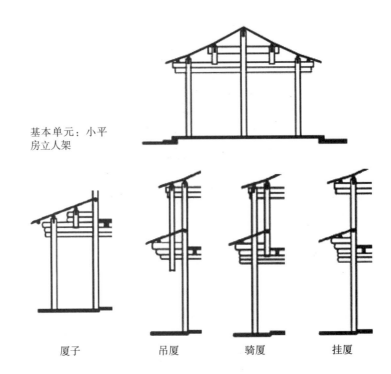

基本单元：小平
房立人架

图4-1　基本构架模块　　　　厦子　　　　吊厦　　　　骑厦　　　　挂厦

　　纳西建筑7大类的木构架体系中除了闷楼类是通过自身主体结构中构件位置和数量上的调整进行演变的外，其他六大类的木构架间都是有一定的联系的。

　　用分析认识的方法总结来说是（表4-8）：

　　（1）小平房通过增加层数、楼板、尺度以及加入四方柱等构件，演变成小明楼、冲天蛮楼两个最初的变化形式。

　　（2）平房类中，通过在小平房前后方向上增加外部模块——厦子，就演变成有厦平房和大平房。

　　（3）明楼类中，在小明楼基础构架的前檐处腰檐位置，分别加入吊厦、骑厦、挂厦3种基本模块，就形成明楼吊厦、明楼骑厦、明楼挂厦3种构架形式。

　　（4）蛮楼类的变化同明楼类似，通过在冲天蛮楼前檐处腰檐位置分别加入吊厦、骑厦、挂厦3种基本模块，演变成蛮楼吊厦、蛮楼骑厦、蛮楼挂厦3种构架形式。

　　（5）两步厦与骑厦楼类似，都可以看作是在其他类型构架基础上增加了厦子模块而演变形成的：两步厦是小明楼中加厦子模块形成，骑厦楼是冲天蛮楼加厦子模块形成。

　　（6）两面厦的变化则更加的灵活，上述各种类型间都可以互相组合，但基本还是2个最初变化的形式与4个模块间的搭配组合。小明楼前后两面加厦子变化形成两面辟；冲天蛮楼一面加厦子、一面加吊厦形成一面骑一面吊；小明楼一面加厦子、一面加吊厦成为一面辟一面吊。

纳西各类木构架建筑之间的演变过程	表4-8

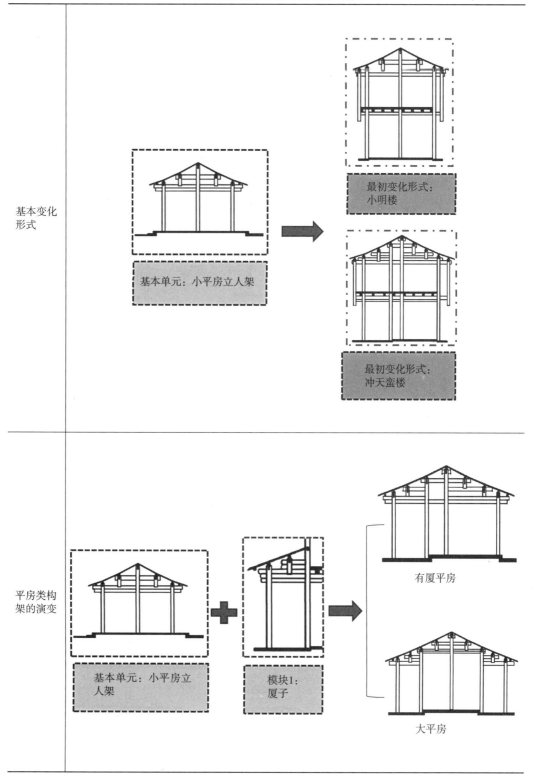

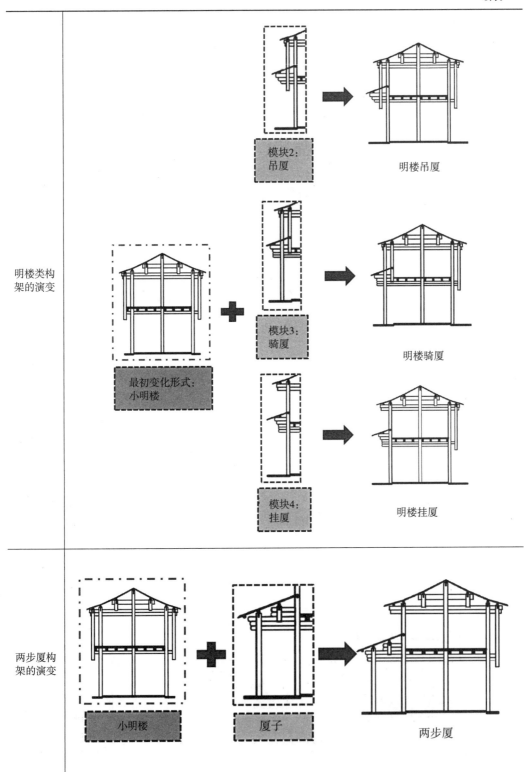

续表

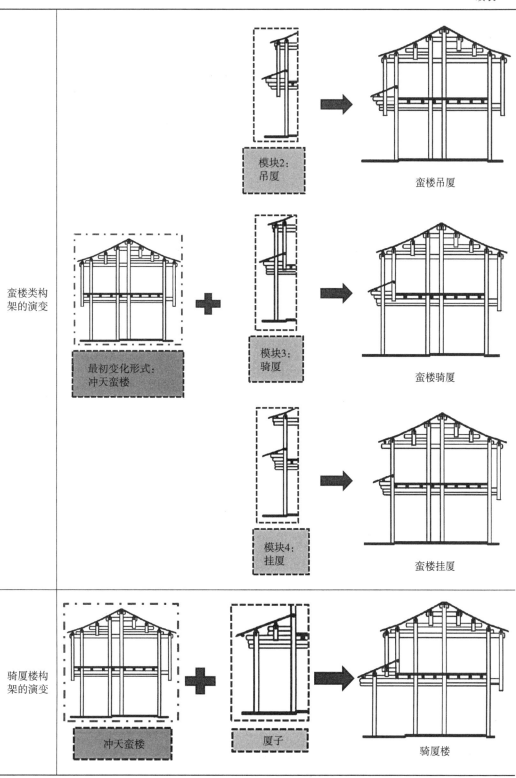

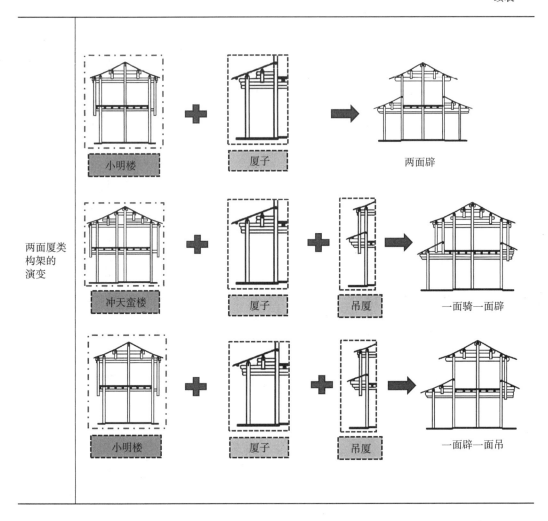

两面厦类构架的演变			
小明楼	厦子		两面辟
冲天蛮楼	厦子	吊厦	一面骑一面辟
小明楼	厦子	吊厦	一面辟一面吊

4.8.2　纳西传统木构架的灵活性

民居的特点就是非常的灵活多变，虽然有统一的建造体系，构件类型，但仍会根据地势的高低以及水系的走向而自由布局。灵活的平面形式要由灵活性的木构架来配合，在这方面纳西民居建筑中的木构架在适应地形的处理上是非常灵活的。而经济实力、材料的特点、喜好方式也是影响民居灵活性的重要因素。

丽江古城中处处小溪流走，建筑布局上顺应着河水的走势依次排列、纵横交错。另外一大特征是临街为铺、临河为宅、前铺后宅。水的流动为建筑环境带来了灵动之感，"家家泉水、户户垂柳"。而这种沿水建宅的布局形式使得纳西建筑的木构架形式不能像在平地上那般规整，会有一些结构的调整，表现在局部增加构件，调整建筑层数，两边不对称，构件数量及尺度上也会有所变化（图4-2、图4-3）。

图4-2　临水而筑的纳西建筑

图4-3　临水而筑的纳西木构架木构件变化

丽江古城建筑布局的另一大特点是依山就势，古城靠山布局，地形起伏不平，高低不一。纳西建筑利用地形的高差、坡地的形式，错层布置沿街的房屋。充分利用地形最大限度的紧凑布置，更使得建筑高低错落、层次丰富，独具特点（图4-4、图4-5）。

图4-4　随坡而建的纳西木构架变化

图4-5　随坡而建的纳西建筑

第5章 以接近真实再现的方法研究蛮楼木构架建造

5.1 接近真实再现的方法

接近真实地再现建造过程是北方工业大学建筑与艺术学院贾东教授提出的研究方法。本章对纳西蛮楼木构架的建造进行接近真实的再现，首先是根据大量实地调研和匠师访谈获取的图片和数据等一手资料，结合现有的关于纳西传统木构架建筑的相关资料，确定一套蛮楼木构架的构架尺度、构架形式、构件组成以及榫卯节点构造的营造做法；再结合计算机建模和制作木构架的实体模型，来接近真实地模拟蛮楼木构架的营造做法和建造过程。

该研究过程对纳西传统木构架营造做法的研究十分重要，其中模型再建的方法是重要的内容。通过模型再建可以更直观地对纳西传统建筑木构架的营造做法和营造流程进行模拟和研究，以便更加深入地理解纳西传统木构架的营造做法。

5.2 以1：10的模型再现七架两桁吊厦蛮楼主体构件

本小节以丽江地区较常见的七架两桁吊厦蛮楼为例（图5-1）。先通过实地调研、匠师访谈等方式整理前期资料，总结出该类型木构架最为合理的一套做法。再根据做法，以细化到每一个构件的方式，制作搭建该类型木构架1：10的实体模型，力求最接近真实地对木构架进行再现（图5-2）。

本小节结合实体模型分别对吊厦蛮楼的山架、中架以及面阔方向主体构件进行介绍和说明。

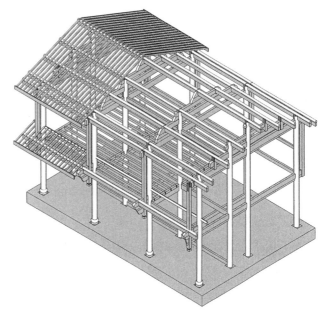

图5-1 七架两桁吊厦蛮楼木构架

图5-2 七架两桁吊厦蛮楼木构架1:10模型

5.2.1 山架构件

吊厦蛮楼的山架为穿斗式构架，山架的构件组成和作用如下（图5-3、图5-4）：

（1）柱

山架的柱类构件有三类，分别为四根落地的柱子、两根四方吊柱和三根小立人四方柱。

落地的柱子为前檐柱、京柱、中柱和后檐柱。前檐柱用来支承屋面和腰檐屋面的重力和上部屋面传下的部分重力和荷载，由于其受力较大且立面上比较重要，一般尺寸与其他柱子比略宽大。京柱用来承受屋面及楼面荷载的重量，也起着分割厦子与房间及开间之间的分割作用。中柱的作用除了承受部分屋面及楼面荷载重量之外，更使山架梁柱关系紧密，利于屋架的稳定性。后檐柱上部直接承受屋面重量，中下部承受楼面层的重量，其与后檐墙紧密结合，直径较小。

　　四方吊柱为截面为方形，上端承托子桁，下部不落地的柱子。每榀屋架有前后两根四方吊柱，起着支撑前后出檐屋面重量的作用。此外，前四方吊柱可以用来安装月台和栏杆，其本身也使立面更加丰富美观；后四方柱通常嵌入围护墙体，上部用来安装分割室内外的木隔板和木窗。

　　小四方柱又叫"立人柱"，它是上部支撑挂枋和檩条，下部立在山架插枋之上的小四方柱。七架两桁吊厦蛮楼的每榀山架有三根小四方柱。

　　（2）横向构件

　　山架的横向构件不以支承重力为主，主要通过穿柱来稳定柱位。各构件根据其位置和作用而得名，主要分为插枋、承重枋和穿枋。

　　插枋位于构架上部，根据构件位置的不同，当地人分别称为大叉、京叉和小叉。大叉一般分为前后中三个构件，连接四根落地的柱子和前后四方吊柱；京叉分为一根或两根构件，根据木料的情况和匠师习惯有所区别，现当地传统匠师习惯一根的做法，京叉为一根构件时与中架的二架梁类似，所以也称作山二架。小叉为一根构件，也称作山三架。插枋主要起着稳定柱位的作用。

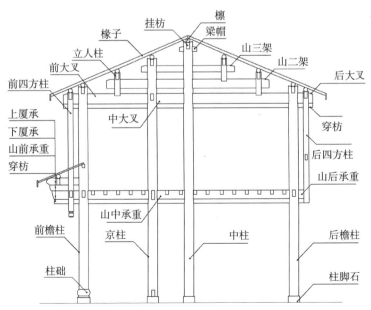

图5-3　吊厦蛮楼山架构件及名称

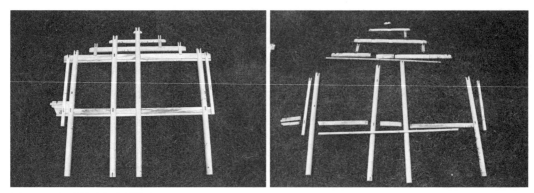

图5-4 吊厦蛮楼山架构件模型

横向构件中的承重枋根据位置分为前、中、后三个构件，通过二蹬榫卯牢固地扣入柱子，起着稳定柱位和支承楼面、厦子和腰檐屋面重量的作用。前承重端头挑出用来承托腰檐，后承重挑出用来与后四方吊柱下角搭接。通过楼面的楼楞直接搭接在山架承重枋上。

穿枋为贯穿整个山架的通长的横向木构件，分为上、下两根，分别位于大叉和承重下方。其穿过前后檐柱、京柱、中柱和前后四方柱，起着加强山架拉结和嵌固的作用。

其余横向木构件有上厦承和下厦承以及梁帽。上厦承和下厦承的主要作用为着垫高腰檐和传递腰檐重量；山架梁帽的作用较小，主要起着稳定中柱和挂枋的节点作用，中架梁帽用于承檩和搭接挂枋。

5.2.2 中架构件

七架两桁吊厦蛮楼的中架为抬梁式构架，中架的构件组成和作用如下（图5-5、图5-6）：

（1）柱

中架的柱类构件有两类，分别为三根落地的柱子、两根四方吊柱。

中架落地的柱子为前、后檐柱和京柱，和山架相比少了一根中柱，这是为了房屋的使用空间更加舒适和灵活，其柱类构件的作用和山架柱子一致。

此外，中架没有山架的小四方柱，取而代之的是珍珠。珍珠（墩子）的作用和山架的小四方柱相同，但因为它能在室内直接看见，所以设计成这种较美观的形式，通过暗销来连接和承托上下梁枋。

（2）横向构件

中架的横向构件作用以支承重力为主，拉结作用较弱。主要有梁枋、承重枋和地脚枋。

梁枋有三个构件，分别为大过梁、二架梁和三架梁。大过梁是一根贯通所有柱的横向构件，由吊柱、前檐柱、京柱、后檐柱支承，主要用来传导屋面传下的荷载及拉结和嵌固竖向构件。大过梁是最重要的也是最大的方料构件。大过梁之上为二架梁、三架梁，梁与梁之间

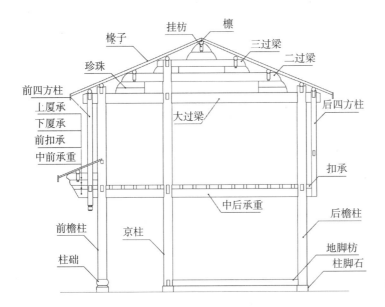

图5-5　吊厦蛮楼中架构件及名称

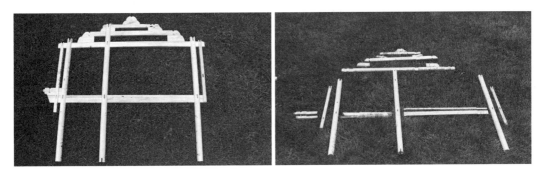

图5-6　吊厦蛮楼中架构件模型

通过珍珠支承和连接。

中架承重枋与山架承重枋相似，有前、后两个构件。不同的是中架承重枋不与楼楞直接搭接，而是通过扣承这一构件和楼楞搭接；因为中架承重需承载左右两间的楼楞，为了避免在承重枋上开凿过多卯口而破坏构件的完整性，所以多了扣承这一构件，有时还有在承重枋和扣承枋之间加一平盘枋的做法。

中架底部与山架相比多了一根地脚枋，用来稳定京柱和后檐柱的柱位，具有良好的拉结性能。

5.2.3　面阔方向构件

面阔方向主要有檩、挂枋、照面、地脚、楼楞、松槽枋、里方外圆、后腰枋等构件（图5-7）。

构架每间的面阔构件类型、数量一致；但由于构架为悬山屋顶，次间部分构件一端需悬挑出际，明间和次间的面阔构件在长度和节点构造上略有区别（图5-8~图5-11）。

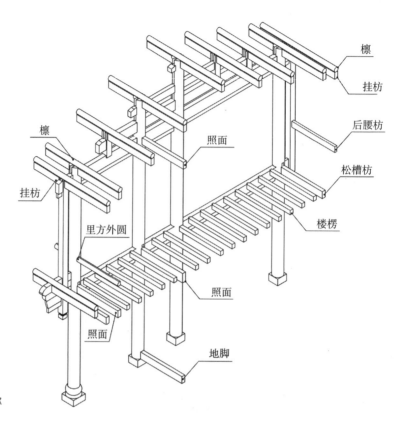

图5-7 面阔方向构件及名称

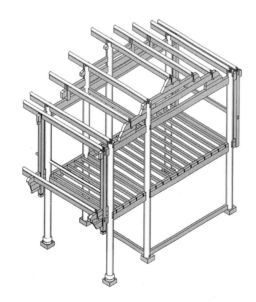

图5-8 次间面阔构件

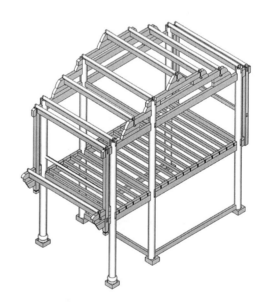

图5-9 明间面阔构件

图5-10　次间面阔构件模型　　　　　　　　　　图5-11　明间面阔构件模型

构件位置和作用如下：

（1）挂枋以箍头榫或二蹬榫与各榀屋架的顶部连接，起着嵌固拉结各榀屋架顶部的作用；檩条用暗销搭接搭在挂枋之上，以便搭椽子。明间的挂枋、檩条和次间的不同，次间的檩条和挂枋需悬山出际1米左右。

（2）照面分为上照面和下照面，下照面连接两两前檐柱、京柱，上部高度齐平扣承上口；上照面连接两两京柱，上部高度齐平大过梁上口。起着拉结各榀屋架中部的作用。

（3）面阔方向的地脚枋位于两两京柱间的柱脚，用二蹬榫卯嵌固拉结各榀屋架的底部。

（4）楼楞主要用来承托楼面，同时也具有一定的嵌固拉结作用。

（5）松槽坊连接两两前四方吊柱和后檐柱。上口高度略高于楼板，并在内侧开槽便于卡住楼板。

（6）外圆内方为外侧为圆面、内侧为方面的构件，圆的一面是为了便于搭腰檐部位的椽子，方的一面便于安装栏杆和隔板。

（7）后腰枋连接后四方吊柱，除了有一定了拉结作用外，还起着便于安装后侧窗扇的作用。

5.3　构件断面尺寸

掌墨师傅会根据房屋构架的类型和基本尺寸，进一步确定构件的尺寸。构件的截面尺寸的确定很重要，它决定着构件的强度。构件截面尺寸的设计具有一定的自由度，由于屋主的经济条件和需求各异，采购木料的规格、尺寸也不同，所以匠师在满足构件强度要求的前提下，根据木料的情况和自身的经验，可以对构件的截面尺寸进行调整。

构件的截面尺寸也具有最小尺寸的经验值。例如圆料构件中，柱子梢径一般情况不少于6寸，檩条直径不少于3寸等；方料构件中，重要构件如大过梁，大叉、承重等构件截面尺寸一般不小于3×6寸等。

笔者通过在当地的匠师访谈和实际测量整理了一套供参考的七架两桁吊厦蛮楼主要木构件的截面尺寸（表5-1）：

吊厦蛮楼主要构件断面尺寸 表5-1

柱	前檐柱	后檐柱	京柱	中柱	四方柱	立人柱
	Ø30cm	Ø25cm	Ø28cm	Ø28cm	15cm×15cm	15cm×15cm
进深构件	大过梁	二过梁	三过梁	山大叉	山二架	山三架
	12cm×28cm	12cm×26cm	12cm×24cm	13cm×26cm	12cm×22cm	12cm×20cm
	承重	山承重	扣承	穿枋	梁架、珍珠	椽子
	13cm×28cm	13cm×20cm	13cm×13cm	6cm×12cm	26cm×12cm	5cm×6cm
面阔构件	照面	挂枋	地脚	楼楞	檩	里方外圆
	10cm×25cm	10cm×20cm	12cm×20cm	12cm×14cm	Ø12cm	Ø15cm
	后腰枋	檐板	博风板			
	10cm×30cm	2cm×15cm	3cm×40cm			

5.4 榫卯节点构造

5.4.1 榫卯形式

纳西传统民居的木构架设计中，榫卯及其节点构造的设计是至关重要的一环。榫卯节点设计的好坏决定了整体构架中构件之间连接性能的优良。纳西传统民居木构架系统中也有着自己的一套优良的榫卯技术体系，它继承和发扬了我国传统木结构优良的抗震性能，并仍然应用在了今天的房屋建造中。

榫卯的墨线绘制和加工前需要确定主榫的宽度。柱径20~25公分的房屋中，常用的主榫宽度为1.6寸和1.8寸，柱径更细或更粗的情况下也会使用1.4寸和2寸的榫宽。常用的榫卯类型有直榫，燕尾榫，箍头榫和二蹬榫等。

（1）直榫

直榫的榫头平直，断面为长方形，安装时直接水平打入卯口，其拉力承受能力较弱，容易出现脱榫的情况而导致构架歪闪。直榫多用于穿插结构的构件，节点处拉结性能要求一般不高，如后四方吊四方柱与后腰枋、扣承与柱的连接处等。直榫榫头宽度为主榫宽度（图5-12）。

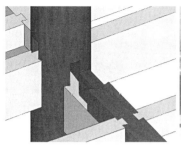
图5-12 直榫

图5-13 燕尾榫

图5-14 箍头榫

俯视榫头

侧视榫头

卯口

图5-15 二蹬榫卯实拍

（2）燕尾榫

燕尾榫的榫头头宽尾短，又称"大头榫"，纳西的具体做法为宽边宽度为主榫的宽度，窄边宽度比长边短4分，两端各减去2分。燕尾榫可使用在能直接从竖直方向向下打入的构件节点处，比如檩与檩的搭接处；挂枋与四方柱的搭接处；挂枋与中架上厦承、二过梁、三过梁、中架梁帽等横向构件的搭接处；以及楼楞与扣承的搭接处。燕尾榫具有很强的抗拉性能（图5-13）。

（3）箍头榫

箍头榫是构件骑跨柱子或悬挑出柱子外时，骑入柱内的榫头，它的宽度为主榫的宽度，由上往下打入榫口，可以紧紧卡住柱子，具有强大的抵御水平拉力的作用，操作简单而实用，使用在纳西民居木构架的许多构件中。比如挑出山架的挂枋与柱子的搭接处，骑跨柱子的大过梁等（图5-14）。

（4）二蹬榫

二蹬榫是一种具有当地特色的榫卯形式，它是在直榫基础上加以改变的。俯看二蹬榫头，一面是在直榫根部两侧上开两个向下收分的卡口，形成两个榫肩，从另一面看就是直榫（图5-15）。

具体做法为：榫头宽度（D）为主榫宽度；根部凸出榫肩左右各宽2分（7mm），榫肩宽度由2分向下逐渐收分，可递减至零；榫肩侧宽为榫头宽度（D），也从上向下收分；榫肩高度（h）根

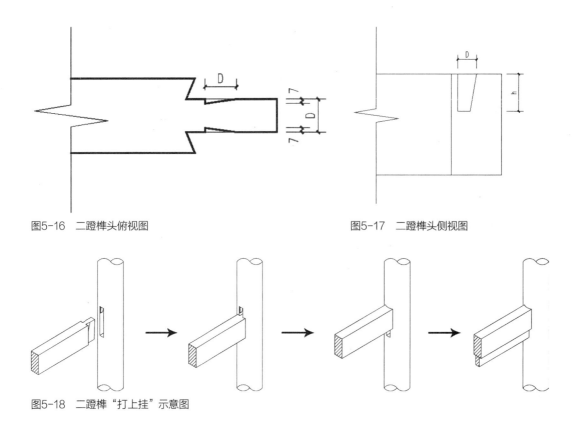

图5-16　二蹬榫头俯视图　　　　　　　　　　　图5-17　二蹬榫头侧视图

图5-18　二蹬榫"打上挂"示意图

据构件断面高度的不同而变化，不是固定值，一般为10cm~15cm。二蹬榫头可以与柱身卯口紧密咬合，水平方向不能进出，是一种增强构架水平拉结强度的榫卯形式（图5-16、图5-17）。

　　二蹬榫头打入柱子卯口的方式有两种，一种为"打上挂"，即是有榫肩的一面朝上打入卯口，榫头通过柱身卯口预留的空间水平插入，再向上打入，卡住卯口。如山承重、山大叉、地脚枋等构件就是以这种方式打入柱子；此外，"打上挂"时，下方须有其他构件填补卯口的空隙，如安装山承重、山大叉时下方预留的卯口空间再插入贯穿整个屋架的穿枋，使榫卯节点做到严丝合缝（图5-18）。另外一种为"打下挂"，即为榫肩一面向下打入卯口；这种方式使用在照面、中架承重等构件与柱的交接处，后者上方预留的卯口空间正好可插入扣承。

　　二蹬榫是保证构架拉结强度的重要榫卯形式，它可以使用在做不了燕尾榫、箍头榫的地方来增强构架的拉结强度及抗震性能。纳西传统木构架中的许多重要节点位置都需使用二蹬榫：

　　①山架和中架中，如承重、大叉、顺向地脚、上厦承需通过二蹬榫与柱子连接。

　　②面阔构件中，照面、松槽坊、正向地脚需用二蹬榫与柱子连接；挂枋与中架圆柱柱头也通常使用二蹬榫连接。

　　（5）其他榫卯

　　构件上下叠合且联系较弱的部位，如梁枋与珍珠，匠师会使用暗销进行连接。暗销截面

暗销　　　　　　　　　　柱头碗口　　　　　　　　　　横梁碗口

图5-19　其他榫卯

约2.5cm×5cm，高度约10cm。

　　柱端或横梁承托檩条处，会向下挖出内凹的弧口（即碗口），这样檩条能够稳稳地搭立在柱头或横梁上。根据实际测量，柱头直径20~25cm时，碗口深度为6cm左右；横梁碗口深约5cm（图5-19）。

5.4.2　山架节点构造

　　①山架承重枋为三个构件：山前承重、山京承重、山后承重。承重枋每个构件两端头都为二蹬榫，打上挂插入柱身；山承重上口一侧开燕尾榫卯口与楼楞搭接。山前承重一端半榫插入京柱，另一端穿过前檐柱和前四方柱承托上厦承和下厦承；山京承重两端半榫插入京柱和中柱；山后承重一端半榫插入中柱，一端穿过后檐柱和后四方柱下口用

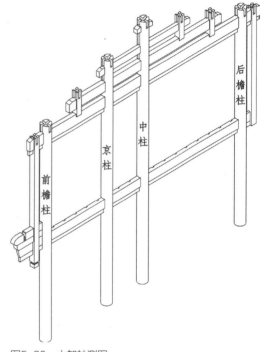

图5-20　山架轴测图

二蹬榫连接。上厦承后端为二蹬榫打上挂全榫插入前檐柱，前端开槽口和碗口便于搭接挂枋和檩条；下厦承为直榫，打入前四方柱和前檐柱。安装好承重枋和上、下厦承后，可通过柱身卯口空隙，紧贴承重枋下部慢慢打入穿枋，穿过前四方柱、前檐柱、中柱、后檐柱和后四方柱，贯穿整个山架（图5-20~图5-23）。

　　②前大叉前端做两个箍头榫，分别打入前四方柱和前檐柱柱头，后端为二蹬榫，打上挂半榫插入京柱；中大叉两端都为二蹬榫，半榫插入京柱和中柱；后大叉后端做两个箍头榫，分别打入后四方柱和后檐柱柱头，前端为二蹬榫，打上挂半榫插入中柱。安装好大叉后，再在大叉下方通过柱身卯口空隙打入穿枋（图5-24~图5-26）。

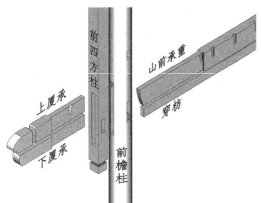

图5-21　山承重与前檐柱榫卯节点构造

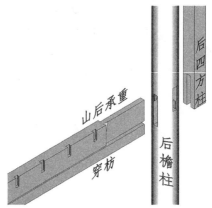

图5-22　山承重与后檐柱榫卯节点构造

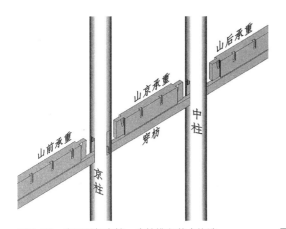

图5-23　山承重与京柱、中柱榫卯节点构造

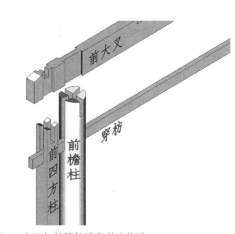

图5-24　大叉与前檐柱榫卯节点构造

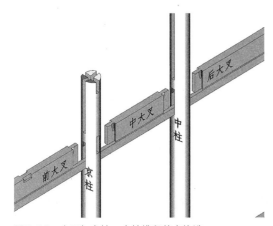

图5-25　大叉与京柱、中柱榫卯节点构造

图5-26　大叉与后檐柱榫卯节点构造

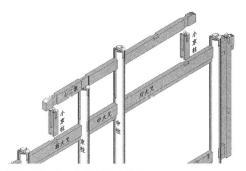

图5-27　山二架榫卯节点构造

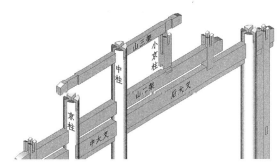

图5-28　山三架榫卯节点构造

③山二架做四处箍头榫，同时从两个小立人柱、京柱和中柱柱头打入。小立人柱底部开槽口插入大叉。山三架做三处箍头榫从中柱、京柱和小立人柱柱头插入。最后从中柱柱头插入梁帽，山架构架即完成（图5-27、图5-28）。

5.4.3　中架节点构造

①中架承重枋为两个构件：中前承重（也称中厦承重）、中后承重。承重枋每个构件两端头也都为二蹬榫，打下挂插入柱身。中前承重后端半榫插入京柱，前端穿过前檐柱和前四方柱；中后承重前端半榫插入京柱，后端穿过后檐柱与后四方柱用二蹬榫连接。扣承分为厦扣承和中扣承两个构件，构件两端都为直榫，紧贴中承重之上，扣承两侧都做燕尾榫卯口与楼楞搭接。前扣承前端穿过前檐柱和前四方柱，承托上厦承和下厦承，后端打入京柱卯口；后扣承前端打入京柱，后端打入后檐柱和后四方柱（图5-29~图5-32）。

②大过梁为一根通长的构件，通过箍头榫从柱头插入前檐柱、京柱、后檐柱和前后四方柱。二过梁中前端做箍头榫从京柱柱头插入，两端做碗口承檩并开卯口连接挂枋。

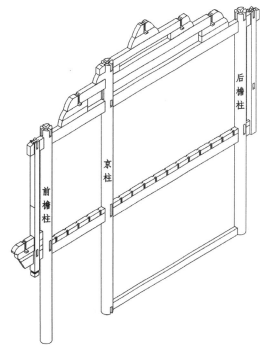

图5-29　中架轴测图

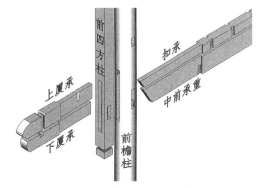

图5-30　中前承重与前檐柱榫卯节点构造

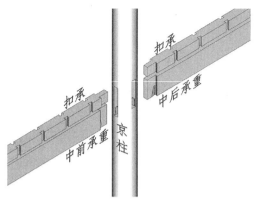

图5-31 中、前承重与前檐柱榫卯节点构造

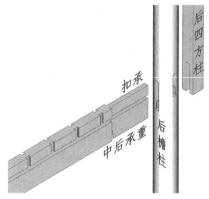

图5-32 中承重与后檐柱榫卯节点构造

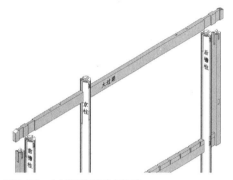

图5-33 大过梁榫卯节点构造

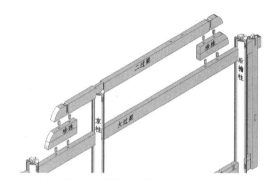

图5-34 二过梁榫卯节点构造

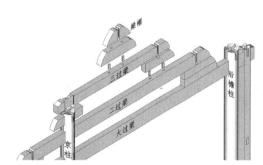

图5-35 三过梁榫卯节点构造

图5-36 地脚榫卯节点构造

三国梁前端做箍头榫插入京柱，后端做碗口承檩并开卯口连接挂枋。梁帽同样做碗口并开卯口连接挂枋。大过梁、二过梁、三过梁和梁帽与珍珠通过暗销连接（图5-33~图5-35）。

③中架底部地脚两端做二蹬榫打上挂连接京柱和后檐柱（图5-36）。

5.4.4 面阔构件与山架、中架节点构造

①挂枋根据位置分为山挂枋和中挂枋。

山挂枋山端悬挑出际，做箍头榫打入山架圆柱和四方柱柱头，与山架上厦承做搭扣榫连接；山挂枋另一端与中架搭接，端头做二蹬榫打下挂入中架圆柱柱头，做燕尾榫打入过梁、四方柱、梁帽和上厦承。挂枋与梁、梁帽和上厦承这类宽度较窄的构件搭接处下方往往会添加垫块来增大承托面积，从而保证榫卯节点的强度（图5-37）。

中挂枋不用悬挑出山，两端搭接中架，与山挂枋搭接中架方式一致（图5-38）。

②其他面阔构架中，照面、松槽坊端头做二蹬榫打下挂入柱；地脚端头做二蹬榫打上挂入柱；楼楞端头做燕尾榫打入山承重和扣承；檩条与檩条通过燕尾榫搭接；后腰枋、外圆内方做直榫打入柱子（图5-39）。

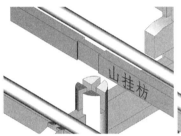
挂枋与山架圆柱榫卯节点

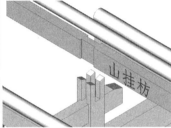
挂枋与山架四方柱榫卯节点

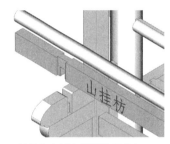
挂枋与山架上厦承榫卯节点

图5-37　挂枋与山架节点构造

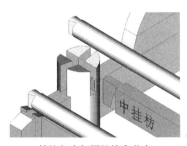
挂枋与中架圆柱榫卯节点

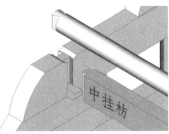
挂枋与中架过梁榫卯节点

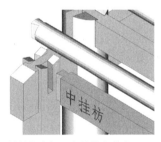
挂枋与中架四方柱榫卯节点

图5-38　挂枋与中架节点构造

照面与柱榫卯节点

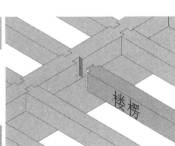
楼楞与扣承榫卯节点

檩、檩搭接榫卯节点

图5-39　其他部位节点构造

5.5 接近真实再现斗架与竖架过程

本节通过搭建实体模型的方式，接近真实地再现纳西传统木构架的斗架和竖架过程。

5.5.1 山架斗架过程再现

山架斗架过程再现　　　　　　　　　　　表5-2

1. 先将山架的四根落地柱子按位置摆放好

2. 从下往上安装带有二蹬榫的构件，先安装山架中部的山承重

3. 再安装山架顶部的大叉

4. 安装前、后四方吊柱。图为前四方柱

5. 安装后四方柱

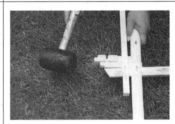

6. 先后安装上、下厦承枋

7. 在承重枋下方打入下穿枋

8. 在大叉下方打入上穿枋

9. 安装下小立人柱

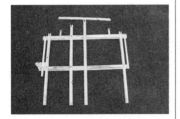

10. 安装山二架

11. 安装上小立人和山三架

12. 安装梁帽、山架斗架完成

5.5.2 中架斗架过程再现

中架斗架过程再现　　　　　　　　　　　　　　　　表5-3

1. 摆好中架柱子后，先安装带有二蹬榫的承重。图为安装中前承重、扣承	2. 安装中后承重、扣承。扣承位于承重枋之上	3. 安装前、后四方柱。图为安装前四方柱

4. 安装后四方柱	5. 先后安装上、下厦承坊	6. 安装大过梁
	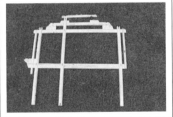	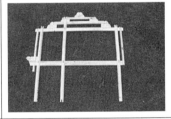
7. 先后安装珍珠及二过梁	8. 先后安装珍珠和三过梁	9. 装好梁帽、中架斗架完成

5.5.3 竖架过程再现

竖架过程再现　　　　　　　　　　　　　　　　表5-4

1. 首先竖起左山架，将左山架立在对应的柱脚之上，用木棍将其撑住固定	2. 将左中架竖起，立在柱脚上。稍加稳固，准备安装面阔构件

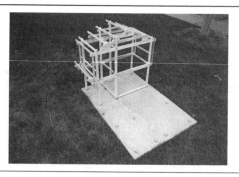

3. 安装左次间的面阔构件。先从下往上带有二蹬榫的地脚、照面等。再安装顶部的挂枋

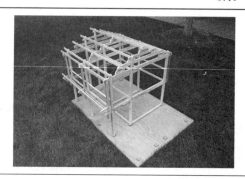

4. 竖起右中架，按照同样的顺序安装明间的面阔构件

5. 竖起右山架，并按顺序安装右次间的面阔构件

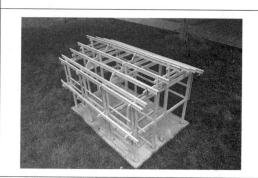

6. 最后安装檩条，并微调柱位保证构架整体竖直。构架主体搭建完成

5.6 优良的结构稳定性

我国传统的木构件建筑具有良好的结构稳定性而利于抗震，地处地震多发地带的丽江纳西族人民在长时间的实践中也形成自己这一套有着优秀抗震性能的较成熟的木构架营造技术。1996年丽江7.0级地震后，当地传统民居大多都是墙体倒塌龟裂，而构架却只是倾斜，修复后还能使用，这也用事实证明了纳西传统木构架建筑优良的结构稳定性。通过本章对丽江纳西木构架建筑木构架营造做法的研究，对纳西建筑木构架具有优良结构稳定性和抗震性能的原因进行了以下分析：

其一，纳西传统木构架建筑有着科学的木构架体系，山架穿斗式、中架抬梁式的屋架形式在满足空间使用舒适性的前提下具有很好的整体性和稳定性。

其二，纳西传统木构架建筑的屋架有着科学的构造体系，以章节中介绍的蛮楼类木构架为例，其屋架各个构件的构造关系比较科学：山架中部的山前承重、京承重、山承重这三个构件和屋架上部的山大叉、山前叉、山京叉三个构件通过箍头榫、二蹬榫这种拉结性能很好的榫卯节点与柱子连接，在山架上形成上下两道水平的强力拉结关系，使屋架形成一个矩形稳定结构。与此同时，上下两根贯穿整个山架柱子的穿枋，与柱子扣榫紧密，又进一步加强了上下两道的嵌固和水平拉结强度，保证了该榀屋架的整体性、稳定性。而中架的抬梁式结构与山架的穿斗式结构相比，它的结构的稳定性较弱，所以通过在中架底部设置一根地脚枋，通过二蹬榫连接京柱和后檐柱。除此之外，面阔（即横向）方向通过照面枋、挂枋、地脚枋、松槽坊、楼楞等构件用箍头榫或二蹬榫卯与诸屋架嵌固连接，从而提高了整个木构架结构的整体性、稳定性和抗震强度。

其三，丽江纳西传统木构架有着优良的榫卯技术。纳西族传统民居吸收了中原地区官式建筑和邻近白族传统民居的榫卯技术和经验，其榫卯制作精良，扣榫严密，各个构件通过不同类型的榫卯结合方式环环相扣，是其木构架抗震技术的核心。

其四，在其他的细节处理上，也体现了纳西传统木构架建筑优良的结构稳定性。如其木构架的整体比例有着良好的控制，屋面结构以下的楼架高度与整个构架进深接近为1∶1的正方形比例，稳定性好。此外，通过采用"收分脚"的传统营造方式，即屋架四角柱头以1%的斜度向内倾斜（又称"收分"），进而增强了在整个构架的稳定性。这些都是纳西民族木构架优良结构技术体系的体现。

第6章 屋顶营造做法

屋顶是中国传统建筑的重要构成部分，是影响建筑立面和使用功能的重要因素。纳西传统建筑的屋顶也延续了中国传统建筑的屋顶特色，同时也具有自身的营造特点。本章节针对纳西传统建筑的屋顶形态、木构件、瓦件营造做法和屋面施工流程进行阐述和分析。

6.1 屋顶概述

中国传统建筑中的屋顶大多数为坡屋顶，它利于排水，便于维修。坡屋顶在传统民居建筑中的使用也尤为普遍，且根据地域的不同呈现出了丰富多样的屋顶形式。在丽江纳西传统民居中，大多数使用的是两坡悬山屋顶，也有少量的硬山屋顶，屋面都为小青瓦覆盖。其悬山屋顶装饰质朴、造型简洁、出檐深远、体量宽大，颇具特色。院落中屋顶层层出檐、纵横交替、高低错路，形成层次丰富、组合有致的屋顶轮廓和立面效果。

丽江传统民居悬山屋顶的出檐深远是受丽江气候特点的影响，丽江地处青藏高原与云贵高原的过渡区，属高原型西南季风气候，其大部分地区冬暖夏凉，夏季多雨，阳光充足，紫外线强烈。为适应这种气候特点，丽江传统民居悬山屋顶四个方向的出檐均达到1米左右，这样能保护建筑山墙处裸露的木构架和墙体免受雨水的侵蚀，并为居民提供了宽大的能避雨遮阳的檐下空间，同时因宽大的屋檐而形成的厚重光影也增添了建筑立面的艺术魅力（图6-1、图6-2）。

图6-1 层次丰富、
组合有致的屋顶1

图6-2 层次丰富、组合有致的屋顶2

6.2 屋顶形态营造

屋顶作为我国传统建筑立面的重要组成部分,屋面、檐口、屋脊的曲线和曲面使得我国传统建筑的屋顶呈现出一种优美和轻盈的形态。丽江纳西传统民居的屋顶也具有我国传统建筑屋顶的造型特点,其屋顶造型轮廓生动优美,纵向屋脊和横向垂脊的端头自然起翘,形成几道优美曲线。两坡屋面为曲面,这样可以使雨水滑落出檐口的距离更远,利于排水,同时使建筑的立面轮廓造型更加柔和优美。

"起山"和"落脉"是丽江纳西民间特有的屋顶营造做法称谓。"起山"是指为了使屋脊的两端形成自然升起的曲线,而将木构架建筑中两端的山架的柱子和山架穿坊以上的构件整体升高的营造做法;"落脉"是指为了让两坡屋面呈现出自然的曲面,而将横向两坡的第二、第三架檩条都落低一些。丽江当地的传统做法为"起山五寸、落脉三寸"或"起山三寸、落脉一寸",前者做法屋面起翘程度较大,后者相比而言会更平缓。因为后者的施工难度较低,且更符合纳西人民的审美习惯,丽江新建传统木构架建筑屋顶做法以后者居多。

"起山"和"落脉"的做法类似于中国传统建筑中的"升起"和"举折",但在丽江纳西传统民居中,传统匠师通过更加简单的营造手段就达到了这种效果。以七架两桁的木构架为例,具体做法即在两端山架的柱子和山架穿坊以上的构件相对于中架整体升起3寸,同时在原有基础上将第二、三、五、六架的檩条和挂枋下移1寸,再完成钉椽、屋面铺瓦工序后,结合屋脊端头处通过层层瓦件铺砌出的脊尖起翘形态,就营造出丽江纳西木构架建筑屋顶优美的曲线(图6-2、图6-3)。

"起山"示意图　　　　　　　　　　　　　"落脉"示意图

图6-3　"起山""落脉"示意图

6.3　屋顶木构件营造做法

屋顶木构件是屋顶的重要组成部分，它包括了椽子、封檐板、博风板、悬鱼等构件。

6.3.1　椽的做法

椽子是屋顶木构件中最主要的构件，它是按与檩垂直的方向，置放在檩之上，用于承受望板（屋面板）和瓦等材料。丽江纳西传统木构架建筑中，椽子的形式有圆椽和方椽，椽上不设望板，直接挂上瓦片。笔者在丽江当地的调研中发现，圆椽多见于一些年久的建筑中；而当今新建的纳西传统木构架建筑中多使用方椽。方椽大多由当地木材加工厂批量生产，长度约4米左右，横截面宽度为5~6厘米（图6-4）。

椽子的间距是根据所用瓦件的尺寸决定的，丽江当地瓦的宽度多为7寸左右。为了瓦件铺设的严密，椽子的实际间距会比瓦件大头的宽度小1分（3毫米）左右，这是匠师在大量实践中总结的经验尺寸。确定好椽间距后，匠师会在屋脊和檐口的檩上画好定位椽间距的墨线（图6-5）。

安装椽子的时候，先根据坡顶处檩条的定位墨线，将椽头用钉子固定在檩上，椽子可以左右移动，方便匠师调节椽位。调整确定好椽子的位置，保证椽子相互平行后，再将椽尾固定在屋檐处的檩上。固定好椽子之后，椽尾会参差不齐，匠师根据出檐的长度，在椽尾用墨斗弹上墨线，再用锯子将椽尾锯整齐。丽江纳西民间椽子出挑距离一般为1米左右，根据房间进深和实际情况有所调整；悬山处出际多为五椽四档（图6-6、图6-7）。

丽江纳西传统民居屋顶椽条一般通常为一根从坡顶到檐口的木料。椽子长度为坡顶檩条到前檐檩条，再加上出挑的距离。在一些房屋进深较大的房屋中，一根的椽子长度会不够，当地会采用椽子拼接的做法。椽子交接处为斜面，上部椽头斜面朝内、下部朝外，方便用钉子与檩条固定，且不宜受潮（图6-8）。

方椽　　　　　　　　　　　　　　　　　圆椽

图6-4　不同形式的椽

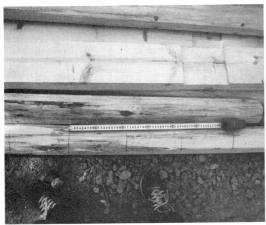

图6-5　檩上控制椽间距的墨线

图6-6　安装椽子

图6-7　绘制椽尾墨线

图6-8　椽子间的搭接

图6-9 安装檐口板

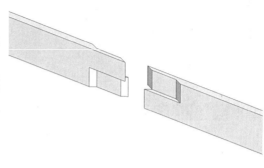

图6-10 檐口板搭接处节点构造

6.3.2 屋顶其余木构件做法

完成椽子的安装工序后，就会依次安装檐口板、博风板和悬鱼。

（1）檐口板

檐口板是檐口挑檐处钉置的木构件，它直接钉在椽子上，用来保护椽子端头免受雨水的侵袭。丽江纳西传统木构架建筑中，檐口板通常宽15厘米左右，厚2厘米。檐口板上沿和椽子上沿齐平。

由于木料长度的限制，檐口板通常由数块木板搭接而成，木板搭接处的节点为相互交叉咬合的企口（图6-9、图6-10）。

（2）博风板

博风板是山墙屋顶挑檐处钉置的木构件，它盖住檩和挂枋，用来保护屋顶横向端头处的椽子、檩和挂枋免受雨水的侵袭。博风板上沿与椽子上沿齐平，宽度要足以盖过挂枋，厚度一般为3厘米左右。檐口板端头搭接在博风板上，装好博风板后锯掉多余的檐口板。

当房间进深较大时，受材料的限制，博风板也会由数块木板拼接而成，节点处也是相互交叉咬合的企口（图6-11、图6-12）。

（3）悬鱼

悬鱼是最后安装的屋顶木构件，它安装在悬山屋顶侧面博风板的接缝处，是丽江传统木构架建筑屋顶山面不可或缺的木构件。它的造型多为抽象的鱼形，生动活泼，样式多样，大小各异。它的作用在于：技术层面上，它能遮住博风板的接缝，保护接缝处的木构件免受雨水侵蚀；艺术层面上，能使房屋立面更加美观，能体现纳西人民对视觉审美的个性的追求；精神层面上，鱼喻水，能表达纳西人民期盼防火的意愿，同时鱼还有着年年有余的意义（图6-13、图6-14）。

图6-11　安装博风板

图6-12　檐口板与博风板搭接

图6-13　安装悬鱼

图6-14　各具特色的悬鱼

6.4　屋面瓦件营造做法

瓦件是中国传统建筑屋顶的重要非承重构件，它起到遮风蔽雨的目的，具有易移动、耐火等优点，是中国传统建筑的重要标志。纳西传统建筑屋面使用的是小青瓦，小青瓦用普通黏土烧制，生产简易，重量轻，因而普遍使用；瓦件主要有以下类型：板瓦、筒瓦、勾头瓦和铺砌屋脊用的便砖。屋脊工艺较简易，由瓦件和便砖层层铺砌而成，造型朴实大方，正脊和垂脊端头上翘，整个屋顶生动活泼，富有特色。

6.4.1　瓦件类型与尺寸

（1）瓦件类型

丽江纳西传统建筑中铺设屋面的瓦件主要有三种：板瓦、筒瓦和勾头瓦（图6-15~图6-17），檐口一般没有滴水。

板瓦为瓦面较宽，弯曲的程度较小的瓦件，是通过圆筒形的土坯四等分或六等分后烧

图6-15 板瓦

图6-16 筒瓦

图6-17 勾头瓦

图6-18 瓦屋面檐口

制而成，其弧度是圆筒的1/4或1/6。丽江纳西传统民居中板瓦上下略有收分，主要作为仰瓦使用。

筒瓦的断面为半圆形，是将圆筒形土坯一分为二后烧制而成的。丽江纳西传统民居中的筒瓦瓦身略有收分，窄端有收头，方便筒瓦前后搭接。丽江纳西传统民居中的筒瓦大多用于盖瓦，部分也用于屋脊处。

勾头瓦是带有瓦当的筒瓦，主要用于檐口处的盖瓦。由于丽江纳西传统建筑屋檐大多不设滴水，勾头瓦就作为檐口装饰的重点，其上常有寓意福寿的图案或变体文字，制作精美（图6-18）。

除以上所述瓦件之外，还有制作屋脊常用两侧有钉状突起的乳钉砖，以及用作屋脊装饰的瓦猫和瓦龙头。

（2）瓦件尺寸

瓦件的尺寸各个地区差异很大，实难统一给出个准确的尺寸。究其原因可能是从来就没有过制瓦的规范条例（宫廷的官式建筑除外）。民间的瓦大多为地方的手工作坊烧制，再加上我国分布的地区很广，所以民间各地的瓦的规格很是不同，古时候的瓦和现代烧出的瓦规格也不同。丽江纳西传统建筑中所用的瓦件中，虽也没有统一的尺寸，但总体上大同小异。板瓦长宽大多约为7寸，筒瓦宽4寸，长8寸。笔者当地实测一处建筑中使用的筒瓦、板瓦和勾头瓦的具体尺寸如下表所示：

瓦件尺寸				表6-1
类型	长mm	宽（长边）mm	宽（窄边）mm	收头mm
板瓦	207	216	200	
筒瓦	265	120	105	宽85，长35
勾头瓦	265	120	105	宽85，长35

　　纳西传统建筑屋面普遍为筒瓦屋面，筒瓦屋面是用弧线片状板瓦作为底瓦，半圆形的筒瓦作为盖瓦的瓦面做法屋面做法，纳西民间筒瓦屋面做法较简单，椽上一般不使用苫背和望板。民间普遍采用的做法是将板瓦作为仰瓦，凹面朝上直接依次放置在椽条之间，上下板瓦搭接处重叠约10公分；筒瓦作为盖瓦盖住相邻板瓦间的缝隙，筒瓦与筒瓦的搭接方式是上部的筒瓦盖住下部筒瓦的收头，檐口处的盖瓦为勾头瓦，一般不设滴水（图6-19）。

　　现丽江纳西传统建筑屋面瓦件的胶结材料有泥浆、灰浆或水泥砂浆。泥浆多使用在以前，受经济条件的限制而指直接使用泥浆作为粘接材料，泥浆粘接性、防水性皆差，且容易长草不美观。现多使用灰浆和水泥砂浆作为瓦件的胶结材料。纳西民间使用的灰浆多由石灰、沙、麦秆和水混合而成。灰浆中加入的麦秆有两种作用：其一，麦秆取材方便且纤维较粗不易碎，加入石灰浆中能加强灰浆的拉结性能，防止石灰浆风干后轻易碎裂；其二，加入麦秆的石灰浆重量相对较轻，能减小屋面荷载。水泥砂浆由水泥，沙土和水混合而成。这两种结合剂各有利弊，灰浆吸水，容易使椽子受潮腐朽，而造价相对较低；水泥砂浆不吸水，且粘结性能佳，但不美观且造价相对较高。

　　筒瓦屋面在铺砌时，需要将底瓦和盖瓦之间用胶结材料抹严；也需在筒瓦和板瓦的接缝处用灰浆勾严，纳西传统的习惯做法是只将靠近屋脊和屋檐处的筒瓦板瓦接缝处用灰浆勾

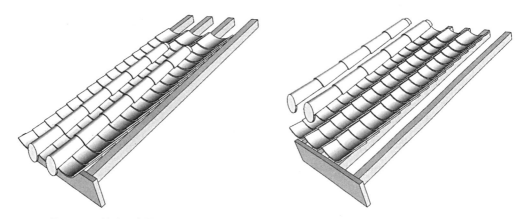

图6-19　筒板瓦屋面构造示意图

图6-20　灰浆

图6-21　屋面图案

图6-22　垂脊

严，因此远远看去屋面就形成灰和白的几何图案，富有特色（图6-20、图6-21）。

6.4.2　垂脊做法

屋脊位于屋面的转折处、屋面与墙面交界处、屋面边缘处等，它通过瓦件、砖和灰浆等材料砌筑而成，主要起着装饰和防水的作用。丽江纳西传统木构架建筑多为两坡悬山屋顶，屋顶屋脊的类型有两种，为正脊和垂脊，做法较为简单，其处理方式是直接用筒瓦、板瓦和便砖叠砌，脊尖用瓦件和灰浆层层垫高形成起翘的形态（图6-22）。

纳西建筑屋顶垂脊位于屋面悬山处，与正脊相交，是铺砌屋面瓦件时最先施工的部分，造型装饰朴素大方。垂脊及其脊尖的常见的构造做法如下所示：

垂脊做法流程	表6-2

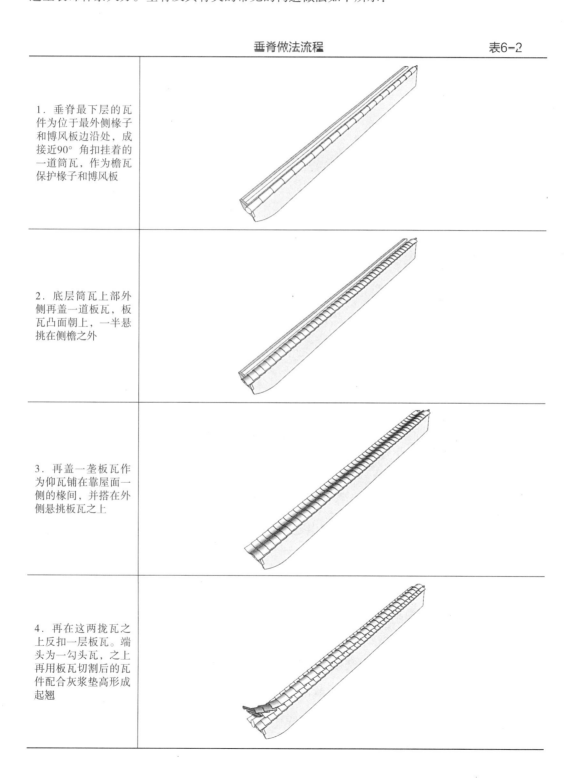

1．垂脊最下层的瓦件为位于最外侧椽子和博风板边沿处，成接近90°角扣挂着的一道筒瓦，作为檐瓦保护椽子和博风板	
2．底层筒瓦上部外侧再盖一道板瓦，板瓦凸面朝上，一半悬挑在侧檐之外	
3．再盖一垄板瓦作为仰瓦铺在靠屋面一侧的椽间，并搭在外侧悬挑板瓦之上	
4．再在这两拢瓦之上反扣一层板瓦。端头为一勾头瓦，之上再用板瓦切割后的瓦件配合灰浆垫高形成起翘	

续表

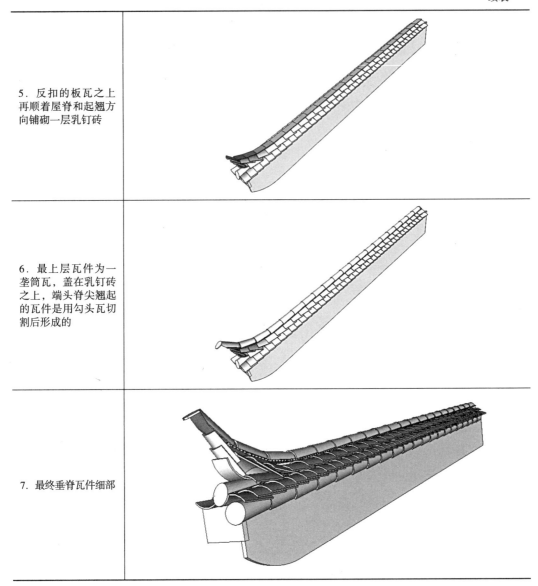

5. 反扣的板瓦之上再顺着屋脊和起翘方向铺砌一层乳钉砖	
6. 最上层瓦件为一垄筒瓦，盖在乳钉砖之上，端头脊尖翘起的瓦件是用勾头瓦切割后形成的	
7. 最终垂脊瓦件细部	

6.4.3　正脊做法

正脊是位于屋面前后坡的转折处，沿着屋面相交线做的脊。正脊位于屋面的最高处，方向往往是沿着檩条的方向。纳西传统建筑屋顶的正脊从中间向两边逐渐升高，一是因为构架的"起山"，二是因为正脊与垂脊交接处瓦件铺砌形成的自然升高。

纳西传统建筑屋顶正脊做法大多比较简单，普遍的做法是在屋面两坡接缝处底部用板瓦铺盖数层，再通过填充灰浆、盖板瓦形成凸起，顶部板瓦之上再铺一层乳钉砖，最后在乳钉砖上再扣上一层筒瓦（图6-23）；此外，正脊中央常有安装瓦猫，瓦猫头朝院外，作为装饰

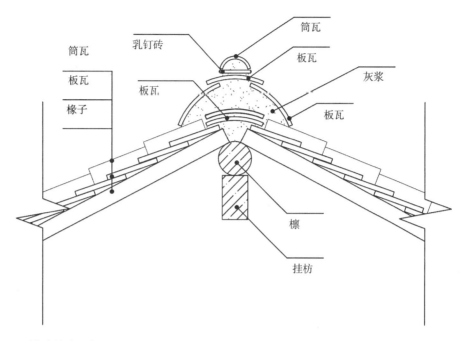

图6-23　正脊细部构造示意图

图6-24　瓦猫　　　　　　　　　　　　　　　图6-25　龙头

和镇宅。正脊脊尖做法和垂脊脊尖做法类似，都是用瓦片和灰浆垫高，形成起翘形态。与垂脊脊尖不同的是，正脊端头处往往会加上瓦龙头作为装饰（图6-24~图6-26）。

　　部分纳西传统建筑的屋顶正脊也有更加精美的做法。即在正脊中间区域的乳钉砖上再叠砌数层交错的瓦件形成类似"鱼鳞"的图案，再在之上铺砌乳钉砖和筒瓦，这样中间部分就形成高出的部分，高出部分两端同样用瓦件、灰浆铺砌形成起翘的造型，因此正脊就有了更加丰富的层次和更精美的形态（图6-27）。

图6-26 普遍做法的正脊

图6-27 精美做法的正脊

6.4.4 屋面施工流程

屋面的施工需要较多的人手协作完成，铺瓦之前需先将部分瓦件运上屋面，方便匠师在屋面施工时随取随用。铺瓦时需要一组四人左右的匠师沿垂脊方向上在屋顶坐成一列，相互配合施工。地面上有其余工人负责和浆和运递材料的工作。

铺瓦的施工过程直接影响着屋面的防水、防漏性能，为了瓦件的搭接严密需遵循一定的顺序来进行铺瓦的过程。纳西传统建筑屋面的瓦件施工顺序是由制作垂脊开始，再铺瓦，最后制作正脊。

铺设垂脊时，最先沿博风板铺设一层筒瓦，瓦身向外侧倾斜，盖住博风板的边沿。然后再叠砌数层板瓦，最后在板瓦上铺设乳钉砖和筒瓦。垂脊端头的脊尖翘起的瓦件是勾头瓦切割而成，屋脊的具体做法在上节有详细介绍。

　　垂脊完成之后就逐步进行屋面底瓦和盖瓦的铺设，铺瓦的顺序是从檐口往正脊方向铺设。纳西建筑铺底瓦的传统的做法是将板瓦直接放置于椽条之间，现也有在椽条上先铺防水卷材的做法；板瓦与板瓦重叠搭接的部分约为10公分，大部分板瓦的方向为大头朝上，小头朝下，这样可以防止瓦件向下滑动；而檐口处的板瓦则为大头朝下，这样的做法可以使檐口板瓦向外一端紧密相接，立面上更加美观。铺好两道底瓦后，接着铺设盖瓦，铺盖瓦从檐口勾头瓦开始从向正脊进行。

　　屋面两坡和垂脊的瓦件铺设完成后，就会进行正脊的铺设工作。先两屋面瓦坡的接缝处铺灰，再扣放数层板瓦，底层板瓦上再铺灰、板瓦、乳钉砖和筒瓦。正脊两端多以龙头收尾，脊尖做法与垂脊脊尖做法类似，通过板瓦、瓦当、和石灰浆铺砌形成翘起。最后，大多房屋的正脊正中会设一头朝院外，尾向院内的瓦猫（图6-28~图6-31）。

图6-28　瓦件准备

图6-29　制作脊尖

图6-30　抹浆

图6-31　铺防水材料

第7章　土坯墙营造与内部装饰

墙体在纳西传统建筑中具有重要的围护、空间分割作用，墙体的形式也直接影响着建筑的立面效果和直观感受，对其营造做法的深入洞悉能更好地理解纳西传统建筑外观所呈现的艺术魅力。纳西传统建筑的装饰多在院落内部，如内立面的门扇隔窗、地面铺装、照壁，等等，这些内部装饰反映了纳西人民在生活中的审美追求和对美好生活的期盼。

7.1　墙体概述

墙体作为纳西传统建筑的围护结构，是其建筑营造中的重要组成部分。丽江纳西传统木构架建筑中，建筑的承重体系与建筑围护体系是完全脱离的，围护墙体与木构架在建筑的营造过程中为相互独立部分，先立架后砌墙，围护墙体不起承重作用，与现代建筑的结构体系同宗。传统民居建筑的墙体根据砌筑材料的区别，有砖墙、石墙和土坯墙等，而丽江地区纳西传统民居的营造材料基本为就地取材，其建筑墙体大部分为土坯墙，墙体土坯或直接裸露在外，或墙面进行抹灰处理和青砖镶贴，也有部分地区如丽江玉湖村，因村落缺少优质黏土而石材丰富，就使用石材砌筑整个墙体（图7-1~图7-3）。纳西建筑土坯墙体的建造材料主要有土坯砖、石和青砖，其中土坯砖是墙体营造中最主要的砌筑材料；石材主要作为墙基和勒脚使用；青砖主要用来镶贴在墙体表面，起着装饰和保护墙体的作用。

丽江纳西传统木构架建筑中，每一坊单体建筑朝向院内天井的一面没有实墙，为轻质的

图7-1　不同处理手法的墙体1

图7-2　不同处理手法的墙体2

木隔板和木门窗（图7-4），其余朝外的三面墙体（外檐墙和侧面山墙）则为砌筑而成的相对封闭的实墙。墙体也是丽江传统民居中最具有特色和艺术表现力的部分，其对墙面材质的表达、墙体的设计手法、比例的划分都具有研究价值。本小节主要针对纳西传统木构架建筑的外檐墙、山墙的墙体特点和营造手法进行阐述。

7.1.1　外檐墙

外檐墙是位于建筑后檐位置的墙体，它是纳西传统民居院落外立面的重要元素。为了确保院落的私密性，外檐墙砌筑的比较封闭，有些是完全的实墙面，有些仅留较小的门窗洞口，丽江古城中也有破开封闭的后檐墙改为轻质门窗隔扇的做法，但这是因商铺功能的需要而做的灵活改变，不是最传统的做法。此外，当正房侧面带有耳房时，正房和耳房的后檐墙多连成一整面墙体。虽然后檐墙封闭但形式上却很不单调，是纳西建筑中极具地方特色的部位之一。

对外檐墙的处理遵循一定的营造设计手法，最经典的手法为"横三段"模式。即将墙立面从横向上分为上、中、下三段。

（1）下段底层靠近地面处为石砌勒脚，坚固而稳重，如同基座一般。丽江地区石材资源丰富，特别是产自玉龙山脚的"五花石"，是当地使用较多的建筑石材。城镇中条件好的民居中勒脚一般为条石或平毛石；乡村的民居中勒脚则多用乱毛石，各具特色（图7-5）。

（2）中段墙身通常为土坯墙，范围是将土坯砖从勒脚石砌基座上部砌筑到二层窗台的高度，土坯砖的砌筑方式多样，在下一章节会有详细说明。丽江古城中后檐墙的土坯墙身部分通常会抹灰涂白，并在墙的边角和边框用青砖镶砌包裹，当地称作"金镶玉"做法，青砖的方式排列多为"一斗一绵"，中间留有白色灰缝。墙身装饰较少，很少有细致的图案或字画（图7-6）。在丽江古城周边乡村地区，墙体大多由土坯砖直接砌筑，墙体不用青砖镶贴四边

图7-3　不同处理手法的墙体3　　　　图7-4　木门窗隔板

条石勒脚　　　　　　　　　　平毛石勒脚　　　　　　　　　　乱毛石勒脚

图7-5　不同做法的石砌勒脚

图7-6　青砖镶贴和粉白后的墙身

图7-7　土坯暴露的墙身

图7-8　墙身上段木隔板

和墙角，表面也不作抹灰，直接展示土坯墙自身的肌理特征（图7-7）。

（3）外檐墙墙面上段多木柱外露、墙身为轻质的木隔板或木门窗，保证二层的通风和采光。范围从土坯墙身顶部直达檐下。木隔板左右方向镶嵌在后四方柱间，可开窗；上下方向置于后腰枋和挂枋之间，竖向高度不大，加上后檐深远的出挑对其视线上的遮挡，在后檐墙上部檐下形成一排所占比例较小的窗墙（图7-8）。

整个外檐墙在这种横三段式的处理手法下，形成下实上虚的感官对比，以及木、石、砖、土的材料对比。整个立面在这些对比之下形成强烈的视觉冲击，体现了丽江纳西传统建筑富有的鲜明地方特色。

7.1.2 山墙

山墙是传统民居建筑重要的围护结构组成部分。传统民居建筑的结构形式和屋顶形式对山墙的形态影响颇大。由于丽江纳西传统民居建筑为木构架承重体系，且屋顶形式大多为悬山式，檩条悬挑在山墙之外，其山墙主要为围护作用而不具备承重功能。所以丽江纳西传统民居在山墙的处理上不受承重功能的约束，而具有更灵活的处理方式（图7-9）。

山墙的基本处理手法和后檐墙处理手法类似，也为"三段式"。底部为石砌勒脚，中部为墙身，一般不开窗，也可根据需要开小的窗洞，墙身高度大多到房屋二层木构架大叉处，墙身直接裸露土坯砖或经青砖镶贴边角和抹灰。上部的形式则有几种不同的处理手法：有的将山墙墙身以上的木构架裸露在外，这种做法一般为二层不住人而储藏功能；有的则用木板封闭顶部木构架的空隙，这种处理方式较为常见；还有的是在中部墙身顶部退后一段距离，再继续向上砌筑土坯砖将木构架包裹，高度直至檐下（图7-10）。

图7-9 不同形式的山墙

上部木板　　　　　　　　上部裸露　　　　　　　上部土坯封顶

图7-10 山墙顶部的不同处理手法

图7-11　不同处理手法的麻雀台

此外，丽江纳西建筑山墙还有一个富有特色的设计——麻雀台。麻雀台是位于山墙上的腰檐，位于山面实墙顶端台面或墙体厚薄不同而形成的退台处。在此台面处通过青砖砌筑出挑、再铺瓦起坡，继而形成山墙的腰檐。因在此处形成的内凹空间又成为鸟类绝佳的休憩平台，所以被称为"麻雀台"。"麻雀台"的处理手法灵活多样，造型类似纳西民居照壁的檐口，有的与山墙竖向中轴线形成左右对称，有的偏向一侧。"麻雀台"这一构造的存在使山墙面形成起坡。不但丰富了建筑侧立面的层次关系，又与山面屋顶出檐相互呼应，形成高低错落、出檐方向错综的立面表现形式；还结合木、石等其他材料形成山墙丰富的肌理。使纳西传统建筑山墙面十分富有特色（图7-11）。

7.2　土坯墙营造做法

土坯墙是土坯砖砌筑的墙体，在丽江纳西传统建筑中使用相当普遍。云南地区自然资源丰富，可用作房屋建造的乡土材料也比较丰富。土坯砖作为可以通过就地取材制作的乡土材料，其造价低廉，制作过程简单，保温隔热性能佳，一直是纳西人民最喜爱的筑墙材料。土坯砖砌筑的墙体呈现出敦实厚重、粗犷质朴的质感和肌理，与自然环境和谐共生，拥有独特的艺术表现力，也是丽江纳西传统建筑的一大特色。

7.2.1　土坯材料的基本属性

土坯类似于黏土砖块，未经过井窑高温烧制，是人类对于天然生土材料的一种直接利用。而土坯又不同于直接夯土，它是一种块状的可砌筑的材料，需要人工制模成形，为以后发明可以烧制的材料——砖提供了准备，也是人类探索建筑发展的必经过程。

作为一种建筑材料，土坯有一些基本属性。

（1）材料属性

土坯的主要组成成分是当地粘性较强的黄土、红土，其中掺杂了各种麦秆、杂草等，在手工制模生产的过程中每块土坯的形状、颜色和因所含材质不同而体现的纹理都不尽相同，从而体现出同一材料的不同肌理。

（2）砌筑属性

土坯在砌筑过程中可以通过不同的砌筑方法、灰缝和错缝的组合营造出不同的建筑立面，组织成丰富多彩的立面形式。

（3）地域属性

土坯散布应用于多个地区的建筑中，由于各地区土质、添加成分、制作工艺的不同，所以土坯制成后的颜色也会有不同。同样是黄色的土坯，颜色跨度可能从接近于白的淡黄色到偏黑的深咖色；而同样是红色的土坯，颜色跨度从亮红到棕红，多变的颜色可以形成不同的建筑效果。

（4）使用属性

土坯的使用范围很广，在纳西建筑中不仅仅局限于墙体的使用。调研中发现在束河古城、白沙古城和周边的村落中看到很多院落的围墙也是用土坯砌筑，和建筑融为一体和谐统一（图7-12）。照壁是纳西院落建筑中重要的一个组成元素，有些照壁也是用土坯砌筑，没有抹灰直接裸露出土坯本身的色彩，朴实自然（图7-13）。大门是纳西院落建筑中另一个组

图7-12　土坯砌筑的院墙

图7-13　土坯砌筑的照壁

成元素，土坯砖利用自身砖的特性，砌筑成拱券的形式作为院门，形式新颖（图7-14）。

7.2.2　土坯材料的特性

（1）模数化与几何性

在传统的中国古建筑中，建筑用料已有一定的模数观念，例如之前章节研究的木构架中每个构件都有其固定的模数，不同类型和等级的建筑，构件尺度也会有所不同。土坯是人工制作与木构架中的构件类似，有一定的模数范围但并不精确。这是因为制作土坯的土墼模，没有十分精确严格的模数限定，大小规格不一。为了方便人们制作搬运和施工，一般把土坯的长度控制在300mm~330mm，宽为150mm~170mm，厚为100mm~120mm左右，常用的土坯砖尺寸约为330mm×160mm×120mm，重量约10斤左右。由于土墼模曲线的造型，制作出来的土坯不是平齐的矩形，两面的长方向会有一定的弧度，因此在砌筑的过程中用泥浆填充0mm~20mm的灰缝，砖长与宽基本是2∶1的关系（图7-15）。

（2）保温隔热性

土质材料最大的特点就是隔热，保温性能好。由于土坯砌筑的墙体很厚，因此保温效果更加明显，冬暖夏凉。土坯长方体块的形状可以让荷载均匀分布，错缝方式的砌筑又增加了土坯的水平承载能力。土坯在三维空间中有多种摆放的可能性，在按一定的规则砌筑成墙体时可以有多种的砌筑方式，并利用自身的厚重性表现出木材钢结构不能体现的稳固感，但由于是生土材料的初级加工没有经过焙烧，因此强度不大。

图7-14　土坯砌筑的拱券式大门

图7-15　土坯的尺度

（3）实用性与艺术性

土坯作为一种地域材料，体现了一个地方建筑水平的发展，经过纳西许多能工巧匠的创造和传承，诞生了很多极具艺术性的土坯建筑，如多样的土坯砌法，丰富的墙面肌理，都体现着土坯的艺术性。在混凝土和钢筋等现代化材料盛行的今天，我们对土坯给予新的艺术创造，将新材料和土坯结合使用，让土坯这种具有历史性和地域性的材料展现出新的活力和姿态（图7-16）。

7.2.3　土坯的选料与制作

在丽江，土坯的制作还是一种人工化的劳动，特别是在农村地区，经常是以家庭为单位进行劳动，将附近地里的资源加以利用。

（1）原材料

①土料。制作土坯的原料土选自当地粘性较强的黄土、红土等。不同土质的土也可以混合在一起使用。

②草筋、麦秆、麦壳。在土坯制作中需要加入一定量的草筋、麦秆起到拉结筋骨的作用。单纯的用土制作土坯，土坯的强度、韧性、粘性都不够强，土坯很脆不能够满足建房时需要的抗震强度。因此在制作时，需要将麦秆切成段，将每段大概6cm~7cm长的麦秆和麦壳一起放到稀泥土中制作土坯。这些皆为当地易得的材料，加筋后制成的土坯强度会增强，可以较大程度地提高墙体的抗弯、抗剪能力，防止龟裂（图7-17、图7-18）。

（2）制作环境

土坯制作受到制作环境的影响不大，但在晾晒过程中会受到天气的影响。丽江12月到2月间空气干燥、气温较低日温差较大，土坯容易因水分不够而自然开裂变形；而7月、8月份是降水集中的时候，不适宜土坯的晾晒。所以土坯一般选在春秋季时制作。

图7-16　土坯材料在现今建筑中的再创作

土料 草筋、麦秆、麦壳

图7-17 土坯制作的原材料

土墼模 镰刀

图7-18 土坯制作的工具

（3）制作过程

土坯的制作过程分为6个步骤，分别是备料、加筋拌泥、入模、压实、脱模、修边晾晒。

①备料。土坯质量的好坏和选土有很大的关系，制坯的土要求很严格，纳西人民一般是就地取材挖掘附近山上粘性较强的黄土或红土作为夯制土坯所用的土料。施工时要将土细筛，把其中的垃圾、杂草和较大的石块剔除出去，选土时切忌土中含有腐化物和有机物，以便影响土坯的抗压能力。有经验的工匠会提前1~2天在土堆上泼洒一定量的水使土吸水至饱和，这样制作时恰好能达到预期的含水量，减少土坯风干成型时因土料中含水量不足、干燥而造成的自然性开裂，增强土坯受力的强度。

②加筋拌泥。土坯制作有两种方法，一种是干制坯，一种是湿制坯。丽江地区多用湿制坯法。土料被筛选准备好后放在平整空旷的场地上，根据土料的多少加入一定量的麦秆、草筋、麦壳，不能加多比例大约是土料体积的1/25~1/30，再加入适量的水，用铲子搅拌均匀、拌透，可用手指感觉是否达到合适的含水量。家庭制作少量土坯时可人工踩踏搅拌；批量生产时则需要用牲畜踩匀。

③入模，这里提到的模具叫做土墼模。将土墼模平放在平整的场地上，用铲子填满土料。在丽江农村一般是村民自己建房，土墼模是一种很常见的工具，一般建一幢民居两副坯模即可。模具是用4片木板穿插连接而成的无底无盖的活动式坯模，形状为矩形在横方向呈两边高中间低的曲线。土墼模没有十分精确严格的模数限定，大小规格不　，但常用的土坯砖尺寸约为330mm×160mm×120mm。否则太厚太大则不易晒干，太薄太小则施工费工费时。在将土料放进模具前，需把模具泡入水中，保持湿润便于拆模。

④压实，土料放入模具后，用手抹平、压实。操作时注意压实坯模四边角的土料，然后同方向的抹平，使土料恰好完全填满坯模。压实这步骤很关键，土料压得越实，土坯成型后就会越牢固。

⑤脱模，这里的脱模很简单只要提起土墼模即可，但提起的过程中需要注意速度，不能太快或太慢提起，而且两手用力要均匀防止土坯散块不成型。

⑥修边晾晒，一般晾晒2~3天待水分七八成干的时候用刀将边角处不平整的地方修平成型。再翻转竖着放置暴晒风干，一般4~7天后即成。土坯砖在成型后还需要晾置约1个月，蒸发掉多余的水分再被使用。此时的土坯砖不但刚度远远大于定型前，在表面还会形成一层硬化的保护膜，更不易被损坏。

7.2.4　土坯墙的基本特性

土坯墙是将土加工成土坯后与纯泥浆砌筑堆砌成的墙体，土坯墙相较夯土墙有更多的优势，它要求的技术含量较低，对施工方法和作业环境要求都低于夯土墙，时间安排更灵活。此外还可以根据使用的需要，灵活地开设门窗洞口，供室内通风采光的需要，而夯土墙却因受工艺操作的限制，不容易开窗或仅能开很小的窗洞。从建筑技术史上看，从夯筑墙到砌筑土坯墙，是一项巨大的技术进步。

土坯墙自身具有很多特点，归纳来说主要是5个特性：宜居性、防腐性、经济性、环保性以及文化性。

（1）宜居性

丽江属于高原型西南季风气候，气温不高、昼夜温差很大。纳西民居建造时用土坯砌筑较厚的墙体以提高墙体的隔热能力，一般厚度约40cm~60cm。土坯的蓄热系数为10.12W/（㎡·K），与石墙和混凝土墙相比，土坯墙具有防风、保温、防潮、隔热等功能，且冬暖夏凉、适宜居住。

（2）防腐性

土是由固体矿物构成，各个固体颗粒之间存在着大量由空气和液体水填充的空隙。正因为原材料土的碎散性、压缩性、吸水性和透水性，所以土坯具有压缩性高、抗剪强度低、防潮性强等特点。由于木材是极易受到空气中水汽腐蚀的材料，木构架一旦受到腐蚀，房屋的承重结构便受到影响。而纳西民居中用土坯墙砌筑在木构架外围，在遇到雨水时，土坯只要不直接淋雨，就能有效抵御潮气的渗侵，防范木构架受潮腐蚀，延长其使用寿命。

（3）经济性

制作土坯的原材料可以就地取材，减少了运输成本。另外土坯的制作工艺简单易操作，通常一位熟练的工人每分钟可制作2~3块土坯。尺度和重量符合人体工程学，适合一个成年人两手搬移操作，不会因太厚太大而不易晒干或是太薄太小而不易施工。土坯可以随意搬运，施工受季节天气和环境影响不大，建造方便快捷，大大提高了工作效率，减少了建造成本，经济实用。

（4）环保性

制作土坯的原料取材于山上的生土，需要时可用作建房材料，不需要时很容易降解回归到农田。另外土坯的制作不需要烧制，不会造成空气污染。而黏土砖则要就地取土，就地烧制。烧砖的土砖窑占用良田，消耗土地资源；烧砖燃料利用木材，浪费森林资源；烧制过程中产生废气，污染空气。相比之下土坯比现代材料生态环保，不会制造过多的建筑垃圾，真正是取之自然，用之自然。

（5）文化性

纳西族信仰东巴及天、地、山、水等自然，他们热爱、崇拜和敬畏自然界的万物。所以在建造自己居所时也很自然地选择具有乡土气息的材料——土坯。房屋式样充满乡土特点、美观大方、简单质朴，充分体现了地方民族特色。

7.2.5　土坯墙砌筑

纳西传统木构架建筑在完成木构架的施工后，即可进行墙体的施工过程。土坯墙体从墙基开始砌筑，一般底宽2尺，往上砌筑时需"见尺收分"，即土坯墙每往上1尺，墙体变窄1分，这样的做法能增强墙体的稳定性。土坯砖有多种砌法，不同的砌筑方式会在立面上形成不同的式样，丽江纳西建筑中土坯的有较固定的砌法，根据笔者的调研总结，常用的砌法是侧砖顺砌与侧砖丁砌上下错缝，这种砌法营造出了纳西建筑土坯墙立面的基本韵律（图7-19）。此外，在保证土坯墙外立面呈现的这种基本土坯砌法式样下，还可调整具体砌法来形成不同的墙厚（图7-20）。

砌筑土坯墙时，需先放好定位线，定位线包括保证每层砖在同一水平上的水平线，以及保证墙体按正确收分方向砌的竖向线。砌筑土坯墙一般用泥浆作为胶粘剂，泥浆是用土、稻草或麦秆加水拌匀混合而成。砌筑土坯墙需层层施工，铺好一层后在上面抹上泥浆，泥浆粘接上下两层，还能渗入下层砖的缝隙中固定每一层的砖块，砖缝一般为2公分左右；再填铺上碎土石，让每层土坯上表面平整，便于进行上一层土坯砖的砌筑。墙体的收分可以通过调整每层土坯砖的砌法和各列间隙大小来实现，缝隙用碎砖和泥浆填充，从而对墙体厚度进行微调（图7-21）。

图7-19　丽江纳西传统建筑土坯砖砌筑方式

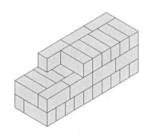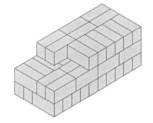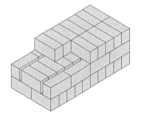

图7-20　不同的土坯砖砌法

图7-21　砌筑土坯墙

图7-22　泥浆抹墙　　　　　　　　　　　　　　图7-23　加竹片

土坯墙一般砌筑至山架大叉处，上部可用木板封山；如果二层作为储藏使用，可直接留空让木构架外露；山墙顶部三角区域也可用一道土坯砖封山。如果墙面需要抹灰处理的话，需在土坯墙砌筑完成并干燥一段时间后，用泥浆把墙体表面打底抹面，再在表面用石灰粉饰（图7-22）。

此外，一些丽江纳西建筑的土坯墙体在砌筑的过程中，还有加竹片的做法，即每隔几层土坯，就加铺一层竹片，这些竹片的功能类似现代建筑墙体的"钢筋拉结"作用，增强了土坯墙体的整体性（图7-23）。

7.2.6　"金镶玉"做法

"金镶玉"是墙体外侧表面砌青砖，内侧砌土坯的做法，经过这种做法后的墙面平整大方，素雅气派。"金镶玉"的做法在功能作用上能对外墙墙角等重要或薄弱处墙体形成有效的保护；在装饰作用上能使建筑立面更加美观精致（图7-24）。"金镶玉"的做法在丽江纳西传统民居中经常使用在门楼、照壁、外墙四边及墙角等位置，是纳西传统建筑墙体营造的一大特征。经过实地的调研，笔者归纳并总结了纳西传统建筑中"金镶玉"墙体的做法。

"金镶玉"中使用的青砖焙烧工艺较为严格，成本相对较高，在丽江传统民居建筑中主要作为面材使用。青砖比普通砖薄，传统的青砖经过实际测量的尺寸为300mm×170mm×40mm左右（图7-25）。经实地调研发现其砌筑方式多为一斗一眠，眠砖顺砌，斗砖顺砌或顺丁交错（一顺一丁到三顺一丁不等）形成变化（图7-26、图7-27），墙体中间部分用土坯砖、碎砖土填充砌筑，青砖之间用细石灰浆砌筑，砖缝4分（图7-28）。

笔者在丽江古城调研过程中，对王家庄基督教堂修缮工程项目中"金镶玉"的砌筑过程进行了记录。"金镶玉"墙最底层青砖为顺砌的眠砖；用灰浆将眠砖沿墙外侧砌好一列后；沿眠砖外侧抹灰并顺砌斗砖，这个过程需严格控制好灰缝的距离以及砖的竖直方向，对施工技艺要求较高；斗砖砌好后往内填泥浆砌土坯砖；土坯砌好之后再铺一层泥浆，使表面

图7-24　"金镶玉"

图7-25　青砖

图7-26　眠砖顺砌，斗砖顺砌

图7-27　眠砖顺砌，斗砖顺丁交错

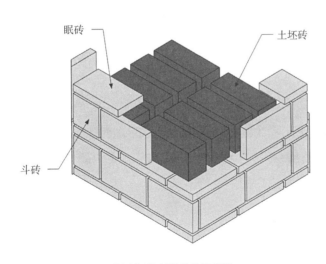

"金镶玉"墙体构造示意图

实例照片

图7-28　"金镶玉"做法

图7-29 砌筑眠砖

图7-30 砌筑侧砖

图7-31 内部砌土坯

图7-32 泥浆填充、平整

平整，便于下一层的砌筑；再重复之前的步骤继续砌筑至墙顶，墙顶以眠砖收尾（图7-29~图7-32）。

7.3 内部装饰

纳西传统民居建筑的内部装饰包括建筑院内立面的门窗隔扇、院落地面铺装、照壁等，这些装饰也是纳西院落内部空间营造的重要一环。本小节对纳西传统民居的内部装饰营造进行阐述。

7.3.1 门窗隔扇

隔扇是用木头做的同时可具有门和窗功能的构件，它是纳西传统民居中小木作的精华。纳西传统民居中的门窗隔扇主要位于建筑的内立面，也是纳西民居内部装饰的重点之一。丽江纳西传统民居中的隔扇有隔扇门、隔扇窗和木花窗隔扇，颜色以板栗色和古铜色为

图7-33　木隔扇门

主。每枋房屋首层正对天井一面，明间多为三组六扇雕饰精美的木隔扇门，两个次间上部为木隔扇窗或一扇木花窗隔扇；二层面对天井通常也有可开启的木板或隔扇窗和木花窗隔扇（图7-33）。

　　每扇隔扇门的木构框架由立向的边梃和横向的抹头组成，抹头又将隔扇分成隔心、绦环板和裙板三部分。纳西传统民居中的木隔扇门通常为六抹，即框架有六根横向的抹头将隔扇门分成了上中下三块宽约4寸的绦环板、一隔心和一裙板共五部分。隔心是隔扇的主要部分，纳西民居中的隔心一般占整个隔扇高度的约1/2；它也是木雕装饰的重点，木雕有的为图案形的花格，有的还在花格面层雕以治家格言、花卉鸟兽、琴棋书画、博古器皿等样式，雕刻技艺精湛，图案栩栩如生。

　　隔扇门左右位于抱柱枋之间、上下位于中槛和下槛榻板之间。隔扇门和隔扇窗都是凭轴转动，转轴是在隔扇的边梃上的木轴，转轴上端插入中槛轴孔，下端插入下槛上方榻板的轴孔，关闭后内侧可插销钉，隔扇门可根据需要进行装卸。位装隔扇门时，需先在柱子上开卯口，装好上下门槛和榻板，再将抱柱枋插在上部门槛和下部榻板之间，再打好轴孔即可安装隔扇门。（图7-34~图7-36）

　　隔扇窗多位于首层次间和二层面对天井一面，隔扇窗成对出现，两扇至六扇不等。隔扇窗

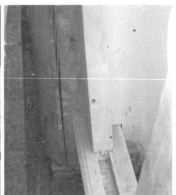

图7-34　轴孔　　　　　　　　图7-35　安装榻板　　　　　　图7-36　抱柱枋

图7-37　木隔扇窗1　　　　　　　　　　　图7-38　木隔扇窗2

为四抹，上下两块绦环板和一隔心，隔心和隔扇门一样，也有精美的雕饰，图案丰富，有鸟兽花卉、几何图案等。木花窗隔扇是单扇的形状或圆或方的隔扇窗，也雕以精细的图案。隔扇窗与隔扇门形式、风格比较统一，在建筑内立面上形成和谐统一的整体（图7-37~图7-42）。

7.3.2　地面铺装

丽江纳西传统民居院落内的地面铺装是地面对其内部地面的装饰，其主要运用在纳西院落中的大天井和厦子的铺地上。铺地的图案内容丰富，形式灵活多样，具有强烈的装饰效果，是丽江传统民居院落中最具有特色的装饰之一。

院落中的大天井是丽江纳西传统民居平面构图的中心，它的地面铺地是很重要的装饰部分。当地常使用块石、瓦砾、卵石等采集方便的材料来铺装，铺装形式是不但美观大方，又

图7-39　木隔扇窗3

图7-40　木花窗隔扇1

图7-41　木花窗隔扇2

图7-42　木花窗隔扇3

具有象征意义的图案，如"四蝠拜寿""麒麟闹月""八仙过海"等，具有吉祥的寓意并形成强烈的装饰效果。此外，铺装的图案大多表现出了较强的向心性，这与大天井方形的形状相协调，也强调了大天井在院落中的中心地位。

位于厦子处的铺地多为不具象征意义的图案，也不强调对称和向心性，以避免与天井铺地重复。通常用大方砖、六角砖，八角砖等与卵石、瓦砾间隔铺砌，图案多为具有一定韵律感的几何图案，阶沿石及踏步多用条石。

纳西传统院落中的地面铺装使用当地廉价易得的材料，通过不同材质颜色、肌理、大小的变化就营造出了内容丰富，形式多样，美观大方的图案；此外，不同部位的地面铺装主次分明，这些处理手法都体现了纳西人民优秀的创造力和营造逻辑（图7-43、图7-44）。

图7-43 大天井铺地

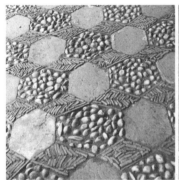
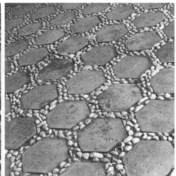

图7-44 不同样式的厦子处的铺地

7.3.3 照壁

丽江传统民居中的照壁用于多个地方，包括天井照壁和厦子照壁。其中"三坊一照壁"院落中正房所对的天井照壁也是院落内部装饰的重点。它的顶部处理方式为"三滴水"和"一滴水"式两种形式，檐顶平缓起翘，与院落各坊屋顶和谐统一。天井照壁的墙面都由石砌勒脚、简洁的墙身、檐部装饰三段组成。三段比例恰当，檐部的装饰多以砖石材料本身精细的组砌构成矩形的"池子"，较少过重的笔墨装饰，整体风格较朴实（图7-45）。

厦子照壁位于厦子两端的墙面，因厦子是纳西传统民居中重要的生活起居空间，所以此处的照壁也常作为重点装饰的地方。由于厦子的照壁尺度不大，装饰面也不宜太大，通常在墙面镶一块长方、圆、八角形状的大理石或用青砖组砌形成"池子"，内部粉白。总体说来，丽江纳西传统民居的天井照壁和厦子照壁的装饰精美高雅，又不失朴实大方（图7-46）。

图7-45　天井照壁

图7-46　厦子照壁

图7-47　梁头装饰"狮子头"

7.3.4　其他装饰

纳西木构架建筑以其自身穿插连接的手法吸引着人们的目光，为了强调其严谨的结构逻辑性，细部装饰也是主体结构的一部分。对于人们目光可及处的木构件，纳西建筑中会做装饰处理，与整体建筑风格一样，雕刻装饰也非常朴实。常看到的装饰是在木构架外露处做艺术处理，将承托披檐、过梁的梁头构件雕刻成兽头的模样（俗称"狮子头"）（图7-47）；承载厦承的"穿枋"构件也会做处理，雕刻一些花纹；还有在门楼中做装饰，如雕刻吊柱，利用漏雕、浮雕的手法雕刻一系列纹样加工成花罩来装饰门楼等。精美的雕刻为普通的木构架点缀生色，营造轻盈秀丽之感（图7-48）。

除了雕刻艺术的应用之外，规模较大的建筑如木府，还会在建筑的梁坊、柱头等处施以

图7-48 门楼处的木构装饰

图7-49 彩画图案

彩画，但这些彩画图案较为简朴，基本以蓝、绿色为主，也有不少只是施以黑、白、灰三色构成了素画（图7-49）。

7.4 土坯墙体营造和内部装饰特点

本章对纳西传统木构架建筑的围护墙体和内部装饰两部分内容进行了说明。

从纳西传统建筑墙体营造做法中可以看出：

（1）墙体作为围护结构和建筑的承重木构架是相对独立的，因此不作为承重的墙体的处理方式是具有相对灵活性的，尤其体现在山墙。山墙墙体的高度，封山的处理方式，麻雀台的处理手法都可根据房主个人喜好和房屋功能进行灵活的变化。使纳西传统建筑的外立面手法相对统一但又富有灵活生动的变化。

（2）丽江纳西传统建筑中的土坯墙具有的敦实厚重、粗犷质朴的质感和肌理是其他建筑材料不可取代的，值得在当今乡土建筑的创作中得到更好的发展。

（3）土坯墙所呈现出的独特艺术魅力是与其乡土材料的本身特性、营建方式紧密相关的，在对土坯在现代建筑中的应用时更多地从它的营建方式去理解，而不仅仅是形式上的模仿。

从纳西传统建筑内部装饰的营造特点可以看出：

（1）纳西人民对其院落内部建筑和空间的装饰是十分重视的，内部装饰多集中在大天井空间、厦子空间这些重要的日常生活空间，这体现了纳西人民对美好生活环境的追求。

（2）纳西传统建筑善于利用各种传统易取的建筑材料进行内部装饰的营造，利用材料的自然特性和不同的组合方式营造出了朴实而精美的装饰效果。

第8章　园博会丽江园工程实践

8.1　实践研究意义

本书前部分章节对纳西传统木构架建筑的院落、建筑木构架、屋顶、墙体及内部装饰各部分的营造做法进行阐述和总结。前部分的研究内容是在丽江现有传统木构架建筑的实地调研基础上进行研究的，而本章是在实际工程项目的设计实践中进行研究。

结合工程设计实践的研究方式对纳西传统木构架建筑营造的研究有着积极的意义。在实际工程项目中对纳西传统院落的营造做法进行实际应用，能深刻认识纳西传统院落从无到有的营造过程，也能从中更直观地理解纳西木构架建筑的营造逻辑。此外，该项目在营造纳西传统院落的实践过程中遇到了各方面的具体问题，总结和分析针对这些实际问题而采取的设计策略，也对今后纳西传统木构件建筑的设计提供实例参考，利于纳西传统建筑的传承和发展。

本章节结合园博会丽江园工程项目，对项目中纳西传统院落的营造设计策略进行分析和总结，内容包括场地的营造，院落的营造以及细部的营造做法。

8.2　园博会丽江园场地营造

8.2.1　项目概况

第十届中国（武汉）国际园林博览会于2015年9月底至2016年4月在武汉汉口硚口区的园博园举行。"园林与生态科技""园林与人文艺术""园林与幸福生活"为第十届中国（武汉）国际园林博览会的三大主题。丽江展园紧扣"园林联接你我，绿色融入生活"主题，追求和谐人居环境。依托场地现状，以典型的纳西族农家小院为原形，充分展现古朴粗拙，但又不失自然灵秀的丽江传统文化特质，传承丽江纳西族人与自然和谐的生态文明理念和地域文化特色，营造一集休闲体验、守望乡愁、文化展示为一体的复合功能的丽江展园。

项目地块位于武汉汉口硚口区，地块原为一块荒地，经总体规划设计后，场地进行了调整。现地块东侧临云梦湖，南北两侧分别为沈阳园和北京园，西侧为园区道路千里长堤的尽端广场。整个场地整体地势平坦，东侧临湖有1米多的高差的自然缓坡，地块相对规整，形状较不规则，东西向略长（图8-1）。

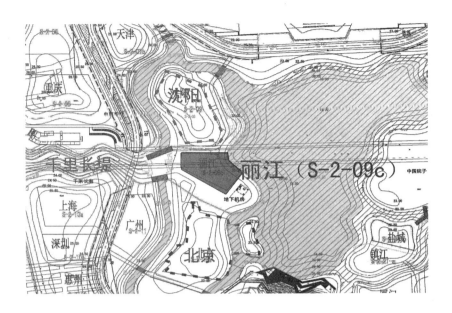

图8-1 场地概况图

根据本项目特定的建设区位及背景、场地基本情况，项目在整个规划设计过程当中遵循以下3原则：（1）协调原则：该项目位于武汉，地块内的服务配套设施建设均要满足园博会的相关要求，与景区周边环境相协调的前提下进行建设。（2）特色原则：丽江园的吸引力在于其独特性，本地块内的建筑、景观设置要充分体现丽江的地域和文化特色。（3）人本原则：丽江园的服务设施建设，要贯彻以人为本的指导思想，从外部景观设计到内部功能设施安排，为游客提供细致、便捷的服务。

8.2.2 场地空间营造

鉴于场地平面类似于长方形，一侧临近云梦湖，考虑到合理科学的划分，为了良好地组织参观游览流线，对整个场地空间进行了划分，地块经规划被分成沿东西方向形成串联的四个空间。四个空间分别对应了四个主题："披星戴月农作院""纳西庭院""柔软时光广场""三眼泉溪体验区"。

（1）农作院空间位于场地的最西侧，紧邻主体院落的空间，展现了丽江传统院落房前屋后供平时生活的劳作、种植区域；（2）"三坊一照壁"纳西庭院是场地的主体院落空间，位于农作园的东侧，占据了场地大部分的西侧空间，展现了纳西人民的主体生活起居空间和建筑文化；（3）生活广场空间位于场地中央，紧邻主体院落空间和景观空间，把丽江休闲、慢节奏的生活场景进行了体现；（4）场地最东侧为场地的"三眼泉溪"主题景观空间，提取了丽江古城的经典的景观营造元素三眼井、"三滴水"照壁、水车、特色植物，等等（图8-2）。

场地的四部分空间沿场地东西方向有机串联，西侧的农作园空间不仅作为最先向游客展示的特色空间，也是主体院落的后院空间；场地中央的广场空间也是主体院落的前院，它能

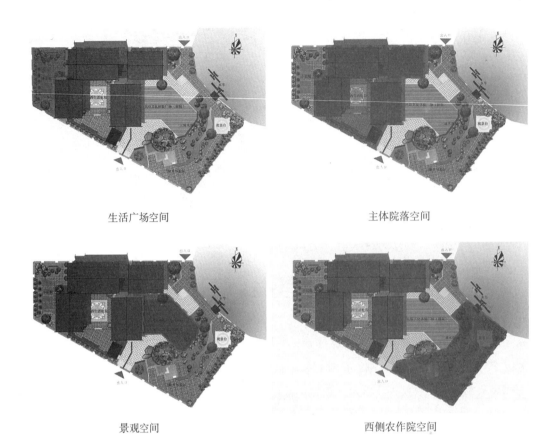

生活广场空间　　　　　　　　　　　　　　　　　主体院落空间

景观空间　　　　　　　　　　　　　　　　　西侧农作院空间

图8-2　场地空间划分

将主体院落和东侧景观空间串联，也是场地中视野最开阔，景观视线最好的空间，所以把它作为游客的休憩停留的广场空间；而把场地最东侧作为景观空间可以与场地东侧的现有地势条件、湖水景观结合起来，再融入纳西的景观元素，为园区提供良好的参观游览体验。

用地交通组织分为内部交通、外部交通。外部交通即穿越广场的南北向的一条交通路线和东侧的"游幽小路"闲庭散步式的穿过路线。内部交通为纳西庭院内部的交通和后院的小部分游园路径。该园的入口共计2个，分别位于北侧和南侧，北侧入口相对开敞，南侧入口小巧别致（图8-3）。

8.2.3　地势营造

丽江纳西传统民居建筑善于利用自然的地形，如对自然高差、水的利用都是十分值得我们学习的，也是丽江传统民居地势营造的特色。所以在园区地块的场地设计中对自然地形的合理利用也是重点关注的点。通过对场地自然地形的分析和理解，合理利用并强化场地东侧临湖处自然的缓坡是方案的基本构思。针对这个构思，初期形成针对地势营造处理手法上的2个设计方案（图8-4、图8-5）。

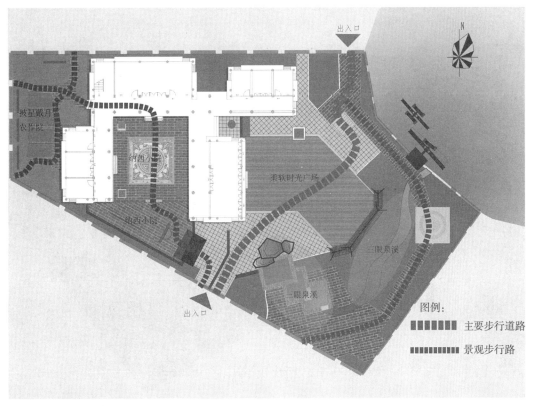

图8-3　园区交通分析

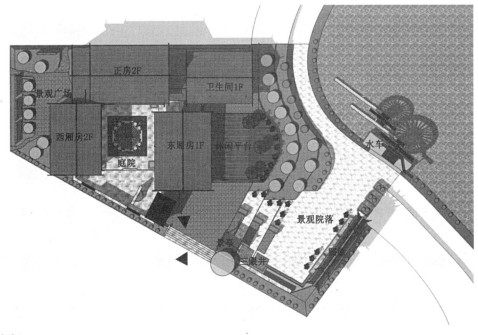

图8-4　方案1

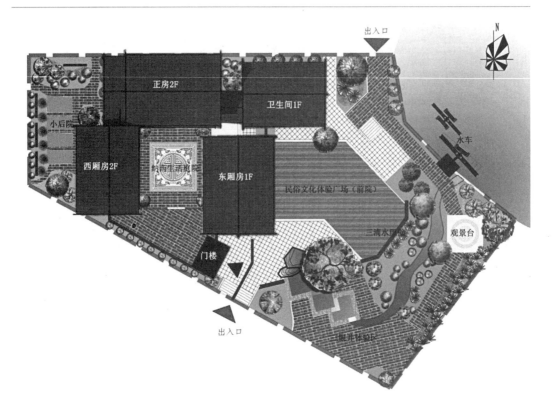

图8-5　方案2

方案分析：

相似点：两个方案对地块总平面的处理上，都使用了同样的场地空间划分，即把园区主体纳西院落放在了场地西侧，将景观空间放在了场地东侧，主体纳西院落和东侧景观空间之间通过休闲广场相联系。此外在场地设计中对把丽江纳西传统民居的院落营造要素"三滴水照壁"明确地在场地中表现了出来；同时提取丽江纳西特色的三眼井，水车等景观营造元素，结合场地的自然缓坡融入场地设计中。

不同点：方案的结合对丽江纳西经典建筑营造要素"三滴水照壁"的表现，2个方案的处理手法略有不同。方案1将"三滴水照壁"放在场地的最东侧，紧临场地边界，而方案2将"三滴水照壁"设置在场地中间与休闲广场紧密结合。照壁有着分割空间的作用，由此带来了空间体验上的不同：方案1由南侧主入口进入场地，可分别进入主体建筑院落、休闲平台和景观院落，整个场地各个空间的结合紧密，衔接相对流畅，空间的整体性较强。而方案2的处理手法对空间的处理更加细腻，空间的划分相对明显；从主入口只能进入主体建筑院落和休闲平台，景观院落与场地外道路结合更加紧密。

此外在场地景观的设计上，2个方案有着不同的特色，方案1的三眼井和溪水呈直线结合场地边界和自然缓坡，流经"三滴水照壁"、水车，最后流入湖水，整体大气，院落相对规整；而方案2同样与场地自然地势紧密结合，但整体相对细腻，整个景观院落空间相对灵活，三眼井，溪水的处理与方案1相比更加活泼自然。

2个方案在场地的处理上各有特色，但方案2相对来说更加贴近园博会的特色和主题，因此选择方案2进行继续深入。

8.3　园博会丽江园院落营造

随着时代的不断发展，对当今纳西传统院落的传承和发展也提出了更高的要求。包括如何适应新的功能需求，材料的更新；如何更好地保留和传承传统院落的精华；如何满足新时代人们的审美观，等等。在对本项目中纳西院落的营造实践中，也根据项目的实际情况对当下的纳西院落营造进行了思考和探索。

8.3.1　院落营造理念

在对该项目的院落设计上，应遵从园区的主题，要将丽江纳西传统民居的建筑特色和文化展示出来，具体理念为以下几个方面：

（1）抓住丽江纳西传统民居的院落营造要素并对它们进行归纳和提升。

（2）提取纳西传统院落的精华和空间的神韵。这不仅局限建筑的要素，还要包括整个空间营造的要素，如地块地势、构筑物的营造等，把它们作为一个整体来考虑。设计方案要既与环境相协调，又要使其本身也创造出一个美好的环境。

（3）因院落要作为容纳宣传、传承丽江纳西文化的展馆，所以除了展示纳西传统建筑文化外，还要展示丽江纳西人民的美好生活。

8.3.2　院落平面布局营造策略

园区纳西院落位于场地较窄的西侧，提取了纳西传统民居经典的"三坊一照壁"院落的基本形制。但根据场地和使用功能需求，院落平面在营造设计中也做了灵活的处理。

院落由三坊单体建筑作为院落空间主体，其中正房为二层，东西厢房都为一层。"三坊"主要功能为展示、接待休息，展示房间位于北侧正房和西侧厢房，东侧厢房为接待休息区，贴近广场。院落东北漏角处设一层的辅助用房，作为展园管理和为游客提供卫生间的功能使用，西北角漏角屋作为楼梯间和正房紧靠。"三滴水"照壁作为广场的围合的一部分与建筑主体做了适度的脱离。

院落平面的设计上根据地块的实际地形和展园的使用需求，在平面上没有按照完全标准的形制布置，做了灵活的处理（图8-6、图8-7）。

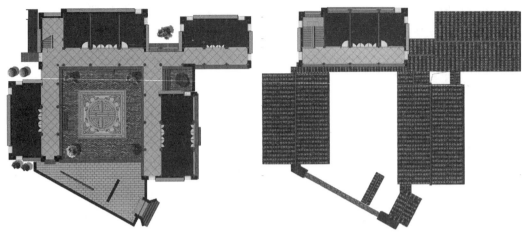

图8-6　院落首层平面图　　　　　　　　　　　图8-7　院落二层平面图

（1）三坊的位置都围绕院落大天井方正布置，南侧的院墙则顺应地块边界与之平行，因此大天井的形状不为方正的矩形。

（2）门楼顺应院落平面形状，利用院落东南角的空间进行设置。

（3）考虑实际的使用情况，院落不像丽江纳西传统民居院落那样较封闭，西北、东北漏角处没有像丽江纳西传统院落用院墙封闭，而是将西侧院墙取消，并将东北角漏角屋不紧贴正房而是在平面上伸出，融入前院广场空间，这样的处理方式能使院落空间更好地与后院空间和前院广场空间形成延伸和联系。

（4）院落的东西两坊都为一层，这与传统一般的两层做法也有区别，这是受园区建筑面积的限制所做的相应调整。

8.3.3　院落营造要素设计策略

项目的院落营造中抓住了丽江纳西传统民居院落的营造要素，包括建筑单体、照壁、门楼和天井等，把它们融入院落中并在处理手法上都做了新的尝试，没有完全照搬传统的处理手法。

（1）建筑单体

各院落、各建筑单体的处理上，提取了纳西传统建筑的精华。在结构上采用了纳西传统木构架建筑的做法，使用以木构架为主的承重体系。

在屋顶的处理上也采取了丽江纳西经典的形式，使用了出檐宽大的悬山屋顶，正房带有腰檐，各坊以及漏角屋屋顶错落有致。屋面用小青瓦铺砌，正脊和垂脊形态都为优美的曲线，脊尖端头平缓起翘，屋顶两边悬山处设纳西建筑特色的悬鱼木构件。

在立面的设计上，后檐墙和山墙都采用了横三段式的手法，根据使用材料的不同进行划分，下部石勒脚使用了丽江特色的五彩石墙；中部呈现了丽江纳西建筑朴实粗犷的土坯砖墙面，墙角处青砖贴面，山墙在土坯墙顶部设麻雀台；后檐墙上部分为木隔板和木窗，山墙上部为木隔板封山。丽江纳西传统建筑的后檐墙和山墙一般为开窗较少厚重的实墙，而在本项目单体建筑在墙体侧边上适当地多开了竖向窗洞，来满足展馆使用的采光需求；而西厢房后檐墙则完全打开，为轻质通透的木隔扇门和木隔扇窗，这种处理手法是结合西厢房作为接待休息的使用功能，能使室内空间更好地和院落的前院广场空间联系，为休息区提供良好的景观视线。在朝院内天井墙面的处理上，都为丽江纳西特色的装饰精美的木隔扇门和木隔扇窗。（图8-8~图8-11）

院落中的建筑单体都设计有宽大的檐廊，体现了纳西建筑单体中的"厦子"，作为是天井到建筑室内的过渡空间。

图8-8　院落北立面图

图8-9　院落西立面图

图8-10　院落南立面图

图8-11　院落东立面图

图8-12　景观院墙

（2）照壁

照壁是纳西传统院落中，尤其是三坊一照壁院落必不可少的营造要素之一，该院落也引入了"三滴水"照壁这个营造元素，但在处理上有了新的手法。经典的"三滴水"式照壁设置在了前院广场处，作为广场空间围合的一部分，与主体院落适度脱离。而在照壁传统的位置，即与正房相对处，没有设置传统的照壁，而是运用了现代的手法设计了景观院墙对院落进行围合。该处院墙在设计上根据传统的照壁形式和特点对其进行了升华。院墙提取"三滴水"的处理手法在高度上形成错落，中间部分高，两侧较低。高低墙体之间为木栅栏，在墙体上形成镂空，利于院落内外的空间交流。墙体的材料都为纳西特色的石材，墙体勒脚用五彩毛石拼缝砌筑，墙身用五花杂石拼缝坐浆砌筑（图8-12）。

（3）门楼

院落的门楼也是纳西传统院落中富有特色的重要的营造元素之一，该项目院落中设有门楼。门楼位于院落东南角，作为院落的主入口，该处采用了纳西传统的独立式木构架门楼的做法，门洞左右两侧墙垛平面呈外八字，寓意着"紫气东来"。门楼墙垛灰砖贴面，整体风格装饰朴实（图8-13）。

图8-13　门楼实景图

图8-14　院落天井实景图

（4）天井

纳西传统院落的大天井是其必不可少的营造元素。项目中院落中大天井的铺地采用了"四福拜寿"的传统的做法。大天井配置有橘树、梅、石榴、桂花和山玉兰等庭院植物作为天井内部景观。另设有晾谷架作为特色的构筑物来展示纳西人民的生活和文化（图8-14）。

8.3.4　院落外部空间营造策略

除了主体院落空间之外，外部空间的营造也十分重要。在该方案中的设计中，融入了对纳西传统院落生活空间的理解，将纳西人民的生活作为展示的内容在方案中得以体现。地块西侧的后院空间作为农作院展示了丽江纳西传统民居房前屋后的小块劳作区域，供纳西人民平时生活所需的种菜植树、养花养鸟等。这块空间边界用色彩斑斓的卵石垒砌围护墙，内部种植有丽江特色的棕榈树、滇楸等植物作为景观。

主体院落东侧的前院生活广场空间是展示纳西人民日常生活中围圈打跳、晒太阳等生活内容的空间。它同时也作为主体院落空间的延续，与主体院落东厢房紧密联系，给游客提供停留、观景的空间。广场铺地为防腐木地板，与东厢房的隔扇门窗相协调，广场边界设三滴水照壁形成围合（图8-15、图8-16）。

图8-15　后院农作空间　　　　　图8-16　前院生活广场空间

8.4　园博会丽江园细部营造做法

8.4.1　木构架实践做法

项目主体院落的单体建筑采用了丽江纳西传统建筑的木构架做法。其中院落中的正房采用的是吊厦蛮楼类木构架。

该坊房屋构架主体为标准的三开间吊厦蛮楼木构架，明间面阔3.9米，次间3.6米，厦子作为走廊，进深2.2米，房间进深4.5米；构架高度上9（3米）下10（3.3米）。构架在构造做法上和传统做法一致，只是由于其作为展馆功能使用的需要，所以在整体构架尺度上与传统尺度相比稍有扩大，每榀木构架的高宽比还是控制在1米左右，符合当地传统做法构架的比例。此外，在正房主体构架一侧设有作为楼梯间的耳房，面阔3米，高度低于主体构架半米，使耳房屋顶低于正房。加建耳房一般只加一榀山架，横向构架一端与正房山架搭接。构架模型及尺度见下图（图8-17）：

构架的进深和高度确定后，就是确定构架坡度，纳西传统木构架的坡度正常情况下介于四分水至五分水之间，腰檐屋面与上层平行；根据传统做法，该坊房屋构架的坡度比例设计为1比2.2。纳西木构架檩间距一般均等，匠师的经验做法为水平投影宽度以一米左右为佳，根据该建筑构架总体6.7m的进深，檩间距定为1米1，局部1米15，总体构架确定为七架两桁，前后两子桁挑出0.4m，整体构架各构件的位置关系就基本确定如下图所示（图8-18、图8-19）。

构架也根据传统的做法，为了营造屋顶的曲线效果进行了"起山"和"落脉"。在该坊房屋中，构架"起山"3寸，"落脉"1寸，耳房山架也"起山"约5公分。

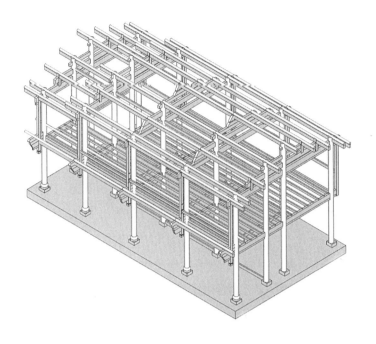

图8-17 正房木构架尺度

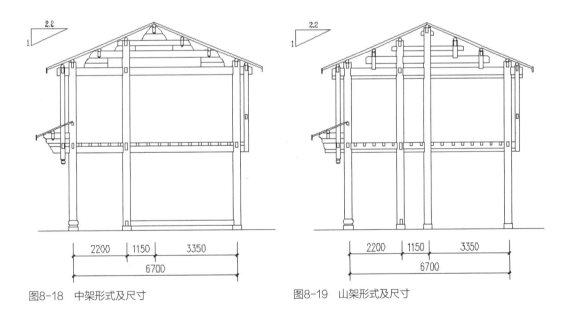

图8-18 中架形式及尺寸

图8-19 山架形式及尺寸

8.4.2 屋面实践做法

项目院落中建筑的屋面都为传统的小青瓦屋面,屋面形式、屋脊做法和传统做法一致,但在屋面构造设计上做了一些新的处理方式。纳西传统建筑的屋面做法一般为椽上直接铺筒板瓦,这种做法较简易,是受经济条件限制、自然环境等因素的影响下最经济实用的做法。

但在当今对房屋的技术层面、美观的需求越来越高的背景下，传统的做法已暴露出防水防潮等性能的不足，室内不够美观等问题，丽江当地的新建木构架房屋也采用的防水布等新的屋面材料来改进屋面性能。在项目的实践中，对其建筑屋面的构造上也做了一些技术的更新（图8-20）：

该项目的房屋主要是作为展览功能使用的，这对建筑屋面的防水处理要求较高；同时为了展示丽江纳西传统木构架建筑中原汁原味的建筑空间，建筑二层不设吊顶，屋面结构将部分暴露在游客视线中，所以对屋面结构的美观也提出了要求。在对屋面具体的构造设计中，最明显的改变是有两层60mm×60mm的椽子。下层椽子上有铺有20mm厚的木望板，望板上铺设一道沥青防水卷材。上层椽子上为小青瓦搭接铺砌的筒板瓦屋面，做法与丽江纳西传统建筑屋面做法相同。

这种屋面构造做法同时达到了防水和美观的目的，较少程度地改变纳西民间的传统做法，上层椽子以上部分完全是传统的做法，使屋面外观上与传统的屋面形式一致。下层椽子的存在同时满足了屋面的防水要求和木望板的构造要求。游客在二层室内直接看见的屋面部分为望板和椽子，在反映了纳西传统木构架建筑屋顶结构的同时又达到了良好的视觉美观效果。

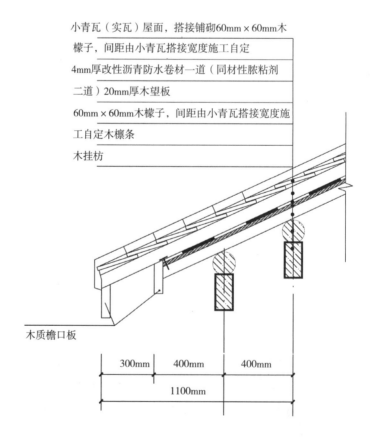

图8-20　屋面构造大样图

8.4.3 墙体实践做法

纳西传统建筑的围护墙体多为土坯砖砌筑而成，因其可以就地取材，造价低廉，制作过程简单，保温隔热性能佳，以前一直是纳西人民最喜爱的筑墙材料。但由于传统的土坯墙在结构性能上存在不足，难以满足当今建筑的安全使用需求，当今新建的纳西传统木构架建筑的围护墙体多用水泥砖或空心砖砌筑。但与此同时，土坯砖墙所表现出的敦实厚重、粗犷质朴的质感和肌理，也是丽江纳西传统建筑的一大特色，拥有其独特的美感。如何在发扬这种传统材料独特魅力的同时又解决材料自身结构性能上的不足，这无疑是需要进一步探讨的问题。

在该项目中，要将土坯墙这种原生态乡土材料作为丽江纳西传统建筑的特色表现出来是设计的一个基本目的。为解决上述问题，项目在墙体的构造上采用了新的尝试，即采用了墙体内侧砌水泥砖，外侧砌土坯砖的做法。这种做法能满足墙体结构性能的要求，在保证墙体安全稳定性的同时又能在立面上展示了纳西建筑传统建筑材料的营造魅力。

具体做法为墙体内侧砌53mm×115mm×40mm的水泥砖，外侧砌100mm×150mm×300mm的土坯砖。土坯砖的尺寸是丽江纳西传统建筑中土坯砖的常用尺寸，它的砌法为最常用侧砖顺砌与侧砖丁砌上下错缝。土坯之间灰缝以横向15mm；竖向25mm为准，墙体厚度为690mm（图8-21、图8-22）。

此外，项目中转角处用青砖贴面的传统处理手法，但项目中的青砖是作为面砖使用，构造方式不是传统"金镶玉"的砌筑方式。

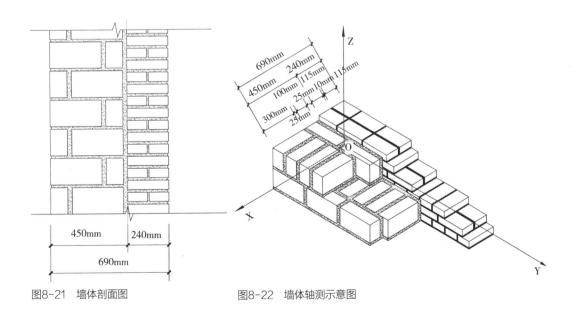

图8-21　墙体剖面图　　　　　图8-22　墙体轴测示意图

8.5 实践中的启示

本章结合园博会丽江园实际工程项目，对纳西传统木构架建筑实际营造过程中出现的问题和设计策略进行了讨论和分析（图8-23、图8-24）。

图8-23 丽江园效果图1

图8-24 丽江园效果图2

根据项目中遇到的问题和与实践中的设计策略，笔者对当今纳西传统木构架建筑的营造进行了思考并提出了以下建议：

（1）在营造纳西传统院落时，需紧紧抓住纳西传统院落的营造要素，这不仅仅局限于传统形式的照搬，可对其的传统处理手法和建造逻辑进行归纳和提升，用现代的设计手法进行适当的诠释。

（2）纳西传统院落作为有展示功能的公共建筑时，可利用院墙、建筑围护墙体形式的适度改变来适当打破其传统的封闭感，与院落外部空间进行有机结合。

（3）使用纳西传统木构架技术营造房屋时，需严格按照纳西传统木构架的形式和构造做法进行建造。在构架尺度上可在保证传统整体构架比例前提下进行适度地扩大面阔和进深，同时重要的木构件如柱子、大过梁、承重等构件需适当加大其横截面尺寸。

（4）屋面可在保证其传统形态下，结合新材料的应用来加强屋面的防水防潮性能。

（5）传统材料的运用是丽江纳西传统建筑的一大特色，色彩斑斓的砖石砌体、朴实而富有韵律的土坯墙等都具有很高的艺术表现力。在营造纳西传统建筑时可合理使用纳西传统的建筑材料来展示其建构魅力。

参考文献

［1］蒋高宸. 丽江——美丽的纳西家园［M］. 北京：中国建筑工业出版社，1997.

［2］朱良文. 丽江纳西族民居. 第一版［M］. 昆明：云南科技出版社. 1998年.

［3］杨大禹，朱良文. 云南民居［M］. 北京：中国建筑工业出版社，2009.

［4］吴良镛. 人居环境科学导论［M］. 中国建筑工业出版社，2001.

［5］贾东. 中西建筑十五讲［M］. 北京：中国建筑工业出版社，2013.

［6］朱良文. 丽江古城与纳西族民居［M］. 昆明：云南科学技术出版社，2005.

［7］世界文化遗产丽江古城保护管理局，昆明本土建筑设计研究院. 丽江古城传统民居保护修缮手册
　　［M］. 昆明：云南科学技术出版社，2006.

［8］马炳坚. 中国古建筑木作营造技术［M］. 第二版. 北京：科学出版社，2003.

［9］刘大可. 中国古建筑瓦石营法［M］. 北京：中国建筑工业出版社，1993.

［10］杨绪波. 聚落认知与民居建筑测绘［M］. 北京：中国建筑工业出版社，2013.

［11］蒋高宸. 云南民族住屋文化［M］. 昆明：云南大学出版社，1997.

［12］单德启等著. 中国民居［M］. 北京：五洲传播出版社，2003.

［13］杨知勇. 西南民族生死观［M］. 昆明：云南教育出版社，1992.

［14］梁思成. 中国建筑史［M］. 天津：百花文艺出版社，1992.

［15］杨安宁，钱俊. 一颗印：昆明地区民居建筑文化［M］. 昆明：云南出版社，2011.

［16］李浈. 中国传统建筑形制与工艺［M］. 上海：同济大学出版社，2010.

［17］彭一刚. 传统村落滇聚落景观分析［M］. 北京：中国建筑工业出版社，1992.

［18］［日］芦原义信著. 尹培桐译.《街道的美学》［M］. 武汉. 华中理工大学出版社. 1989年.

［19］凯文·林奇（美）. 城市意象［M］. 方益萍、何晓军，译. 华夏出版社，2001.

［20］扬·盖尔（丹麦）. 交往与空间［M］. 何人可，译. 中国建筑工业出版社，2002.

后 记

北方工业大学建筑营造体系研究团队（NAST）自2008年，一直致力于丽江传统聚落与传统民居之营造体系的研究。该团队提出的的营造、建造、构造研究体系和接近真实的研究方法的形成，是与在丽江的学术研究、设计与教学实践是密不可分的。十余年来，北方工业大学建筑营造体系研究团队得到了当地政府有关部门和设计单位的有力支持和无私配合，多边而稳定的合作机制，是同类院校及设计研究机构中很少见的，当代信息平台的使用，更弥补了北京与丽江的空间距离。团队学习到了许多书本上学不到的东西，师生与当地同志结下了深厚的友谊。

一、对丽江自然生态、族群文化、传统聚落的系统调研

2008年，北方工业大学建筑营造体系研究团队贾东教授、硕士研究生宋雪宝、杜明凯开始参加丽江宁蒗规划的前期工作，得到了当地领导丽江市规划局周学鲁、泸沽湖管委会余丽军等的有力支持。2008年10月，丽江市规划局——北方工业大学研究生实践实习基地挂牌。北方工业大学建筑营造体系研究团队成立专题小组，依托当地实践实习基地和丽江和墨规划设计院，在丽江大研古城、丽江束河古城、宝安及周边典型村落、永宁、拉伯、泸沽湖等地区进行了系统田野调查、村落踏勘、建筑测绘、工匠访谈等，积累了大量第一手资料。其中，2009～2012年对于泸沽湖周边地区的调研最为深入。在这个过程中，王新征、杨鑫、彭历三位老师还参与了丽江市规划局主持的当地民居修建导则研究工作。

二、丽江和墨规划设计院——北方工业大学固定协作单位

丽江和墨规划设计院有限公司是丽江当地规划建筑设计实践实体，其主要技术人员由当地纳西族、彝族、壮族、汉族等多民族组成，以和姓纳西族为主体。他们有学历、有技术、有经验，热爱自己的建筑营造技艺，并在当代建筑与当地技艺结合方面做出了积极探索。设计院自成立以来，在丽江做了大量的建筑工程设计、城乡规划工作，技术力量较强，并有独到的特长，尤其擅长丽江当地技艺及特色建筑项目，并开展景观环境设计、民居研究、古建修缮等项目。在丽江市建筑规划界有较高的声誉。

自2008年以来，北方工业大学建筑营造体系研究团队与该设计院合作完成多项当地学术

研究课题，包括丽江玉龙雪山观景台、丽江古城王家庄教堂修缮项目等有意义有影响的项目。其中，泸沽湖—永宁—拉伯城乡总体规划获得云南省城乡规划协会2011年度云南省优秀城乡规划设计奖。泸沽湖景区大门、2015年世界园博会（武汉）丽江馆设计两个项目获得2015年住房与城乡建设部进行的第一次全国优秀田园建筑评选二等奖。

必须要说的是，北方工业大学建筑营造体系研究团队与丽江和墨规划设计院有限公司的合作远远超出了一般的业务范畴，许多没有业务内容的调研，和墨设计院也积极充当了主要角色，全程策划和参加，而研究团队则在与设计院的合作中，满腔热情地把所有设计的技术要点和制作的技术要点予以全面交流。

三、丽江纳西建筑师和积智先生

丽江和墨规划设计院院长和积智先生是丽江本地纳西人，有系统的土木工程专科教育履历和清华大学主办的全国民族建筑设计进修班学习经历，有多年木作实践经验，一直植根于丽江进行设计实践，主持过丽江机场一、二期航站楼建筑专业设计等多项实践工程，孜孜不倦地进行时代功能与当地技艺结合的探索。

和积智作为优秀的纳西建筑师，在与北方工业大学建筑营造体系研究团队的合作中，起着关键的协同作用，而他在指导硕士研究生进行系统的木构架营造体系认知、现场建造过程调研、实地构造节点分析等方面倾注了大量热情和心血，其作用超出了一般校外导师的意义，特别是因为他对于该书基本素材吴宇晨同学的硕士学位论文《纳西传统木构架建筑营造研究及实践》的全过程指导，我特地请他为本书的第一作者。

回想十余年来，在丽江的研究与实践，和积智、和鲁汝、李雄、和丽琼、张学军等当地同仁与朋友的帮助历历在目，小李、小张、小和等一批年轻的当地建筑师和技术人员的热情与勤奋给我们留下了深刻的印象。

四、在丽江传统聚落与民居营造研究和人才培养方面的成果

北方工业大学建筑营造体系研究团队紧密结合在丽江当地开展的调研，依托在当地开展合作的设计实践工作，与丽江和墨规划设计研究院紧密合作，师生所获很多，在人才培养方面硕果累累。

2009～2011年，进行《泸沽湖-永宁-拉伯城乡总体规划（2015-2030）》，主要参与同学有王元媛、李征等；2010年，进行《丽江古城中河万子桥至丽大路段河道沿线综合环境整治·控制性详细规划》，主要参与同学有王元媛、李征、杨琪等；2011年起，与丽江古城管委会、丽江和墨规划研究设计院三方共同进行了丽江古城王家庄基督教堂测绘及修缮设计，

张勃、杨绪波、钱毅等老师参加，主要参与同学有李丽、熊明、王瑞峰、李剑一等；与丽江和墨规划设计研究院合作，在丽江木构架营造方面的研究设计实践应用方面取得的成果有多项，主要参与同学有王元媛、李征、李丽、熊明、解婧雅、李孟祺、吴宇晨等，其中泸沽湖景区大门和2015年世界园博会（武汉）丽江馆两个项目均获得2015年住房与城乡建设部组织的第一届全国优秀田园建筑评选二等奖。

自2009～2019年，北方工业大学建筑营造体系研究团队依托丽江实践实习基地培养的硕士研究生有5名，其研究成果共同构成了本书的基础：

李丽：摩梭民居特质空间的保护与改造研究2012；李孟祺：以丽江古城管理中心为例的纳西民居院落空间营造研究2014；解婧雅：纳西建筑木构架与土坯营造作法研究2014；吴宇晨：纳西传统木构架建筑营造研究及实践2016；张邵焘：基于BIM的纳西传统木构架营造技术研究2019。

五、"零八三杰"三位同学

本书的第二作者吴宇晨2008年入北方工业大学建筑学专业本科学习，后在2013年考入建筑学（0813）硕士研究生，共在北方工业大学读书八年，2018年硕士毕业，其同师门的王瑞峰、刘莹同学有着完全相同的学习历程，我把这三个同学称为"零八三杰"。

在2016年7月2日的微信朋友圈里，我写道：

"三位在北方工业大学跟我一起学习八年的同学就要离校了，送你们三句话吧：以诚敬的心对待工作；珍惜自己尽量不要熬夜；多一些宽容少一些严苛。祝福孩子们！"

在2019年1月13日的微信朋友圈里，我又写道：

"今天，农历腊八，空气中有点淡淡的年味儿，三名2008年入学的同学相约回校看望老师，我称仨人为"零八三杰"，我毫不掩饰对这仨孩子的宠爱：人生有信念、专业有理想、做事有热情是师生友谊长存的纽带，相谈甚欢，浩学楼发了已出版师弟、师妹的作业集子，大食堂吃了孩子们吃了八年的包子，握手话别，孩子们去6号地铁走了，一个美好的腊八日。"

人生有信念、专业有理想、做事有热情是师生友谊长存的纽带，也是同为建筑学人友谊长存的纽带。在此，一并向北京、丽江、学校、政府部门、中国建筑工业出版社的领导、同仁、同事、同行致敬致谢。

贾东

北方工业大学　教授

于北京